食のパトロンが選んだ「作品」たち

岡山県倉敷市。この町に全国のうまいものを集めた「平翠軒」がある。店の広さは29坪。扱い商品数は800点余り。規模的には高級スーパーにとても及ばないが、商品の質の高さでは老舗デパートを凌駕しているといっても過言ではない。その証拠に、デパートや高級スーパーのバイヤーが時にお忍びで視察にくることもある。

平翠軒の商品は、すべて当主の森田昭一郎が自分の舌と情熱で選んだものだ。しかも基準を満たさないものは、いっさいおかない断固たる姿勢を長年貫いてきた。どんなに人気商品だろうが儲かりそうだろうが、自分が認めないものは絶対に扱わない。森田が考える商品選びの「基準」とは何か。どんな人がどのようにして作っているのかわからないものはおかない。このことである。

狭い店内に並べられたすべての商品には産地はもちろん、誰がどうやって作ったのかがわかる手書きの札が添えられている。有名無名問わず、食の職人が丹精込めて作った食べ物なので、少し

でも大勢の人に商品の特徴を伝えたい。商品が売れれば、職人がよりよいものを手がけるための手助けになると森田は本気で考えているのである。

平翠軒が他の店と明らかに異なるのは、市井の料理人が作ったものをプライベート・ブランドとして販売しているところだ。その数約180点。昨今売れっ子料理人の名を冠した大手食品メーカーの製品をよく見かけるが、平翠軒に並ぶ製品は料理人が店の厨房で手間ひまかけて作ったものに限られる。

プライベート・ブランドの中には素人が作ったものもある。素人の中にプロ以上においしいものを作る人がいる。しかも食品添加物の知識がないので、安心して食べられるものを作る。プロだろうが素人だろうが、うまいものを作る人を礼賛する森田は、彼らが作る「作品」を平翠軒のプライベート・ブランドとして販売している。もちろん商品の脇に、手書きの札が添えられていることはいうまでもない。

創業以来15年かけて選んだ800点弱の商品のうちの50品目ほどを、食のパトロン自身に語ってもらった。

おしながき

平翠軒のうまいもの帳

まずは、平翠軒選りすぐりのおいしいもの

手間と暇を惜しまない、本格チーズや燻製

料理をひと味もふた味も変えてしまう、スパイスとタレの妙味

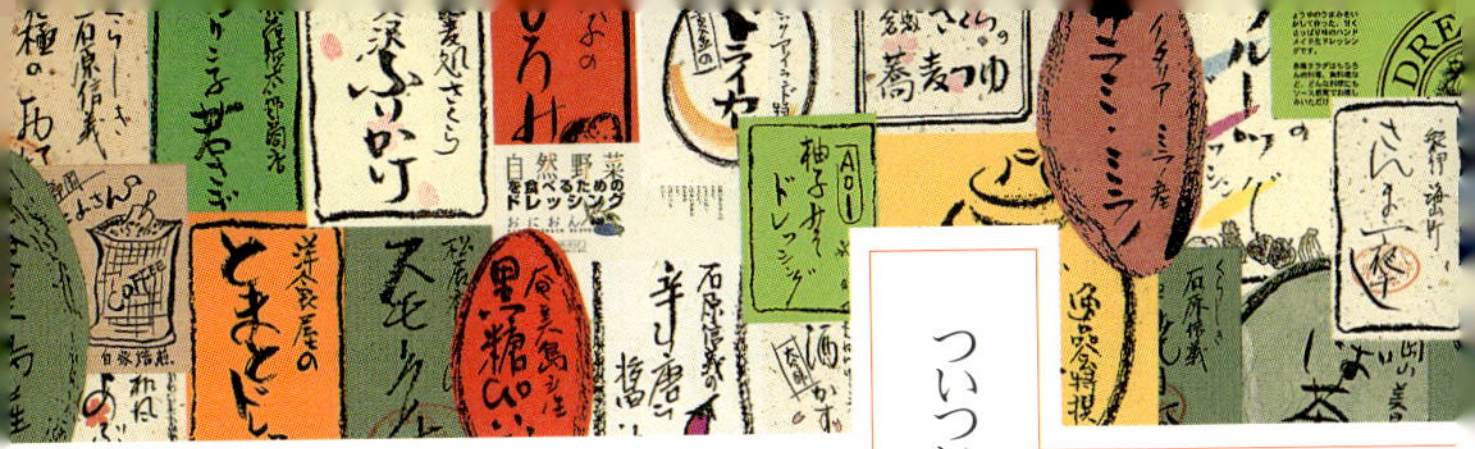

ついつい晩酌がすすむ、何でもないけど、どこにもない酒の肴

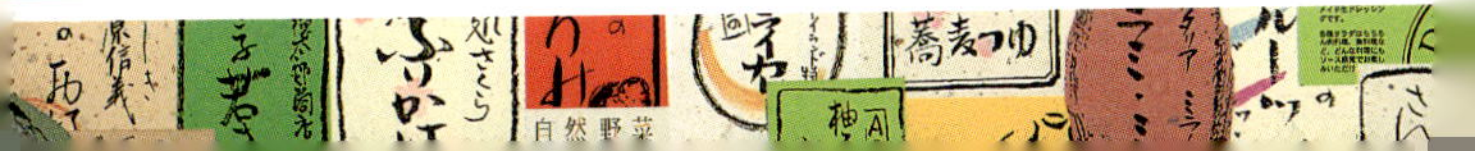

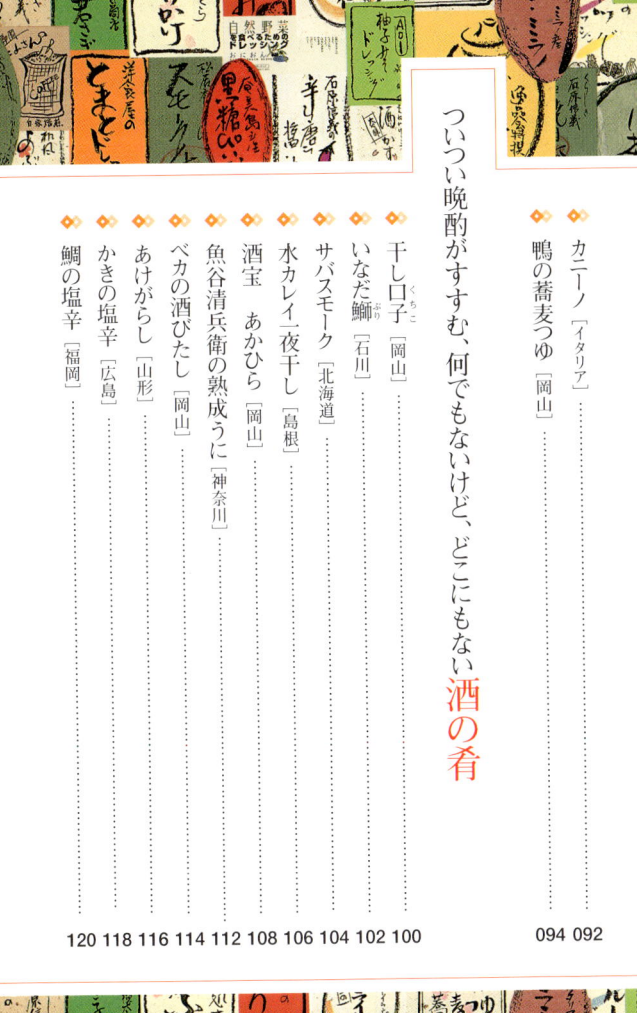

至福のひと時をこんなジュースやお茶と共に楽しみたい

至福のジャムやバター…。主役を張れる脇役達

甘いだけじゃない、大人のデザートも各地から

撮影○樋口勇一郎
編集○高橋大一
木戸昌史

※文中の表示価格は、2005年3月現在のものです。変更する場合もありますので、ご了承下さい。

まずは、平翠軒選りすぐりの
おいしいもの

浜作の牛タンシチュー

〔岡山〕

洋食屋のキッチンで作る、
シェフ自慢の味
1575円（2人前）

岡山に「浜作」という料亭があります。今でこそ1階が料亭、2階が洋食、3階が会席、4階が鉄板焼コーナーですが、もともとは仕出し屋を兼ねた魚屋で「魚徳」という屋号でした。三代目が京都の浜作で修業し、そこの親父さんにたいそう気に入られ、暖簾わけしてもらったそうです。

今は四代目の横山昌弘が跡を継いでいますが、横山は慶應大学卒業後、東京の「金田中」で修業をした後、金田中グループの「岡半」という鉄板焼屋で勉強してから岡山に戻ってきました。今の浜作のスタイルは四代目が確立したものです。

横山は私の中学からの後輩で、私が行くと「何とかこいつをうならせるようなものを食わせてやろう」という魂胆でいるものだから、いつも私は参りました、といって退散するはめになります。でもさすがに、いつもすべての料理を平らげることができない年になりました。

「もう少しメニューに強弱をつけてくれないか。うまいものの後に少し手を抜いたものを出すとか、そういう流れを作ってくれないと困るよ」

「それはそうですね」

おかげで以後、横山はすべての料理が私のお腹に入るようなメニューを考えてくれるようになりました。

ある日、4階の鉄板焼コーナーで掌サイズの銅鍋に盛られて出てきたのが、この〝牛タンシチュー〟です。牛タンのいちばんやわらかい部分を、箸で切れるぐらいやわらかく煮込んだものの上に、デミグラスソースがかかっていました。牛タンもシチューも申し分がありません。

「横山、これをうちで売らせろ」

「これは店のメニューなので、そういうわけにはいきません」

「うるさい、作れ」

ということで、晴れて平翠軒のプライベート・ブランド商品として扱うことができるようになりました。やわらかく煮た牛タン2枚と自家製のデミグラスソースを浜作の厨房でパッキングしてもらっています。扱いはじめて10年経ち、今ではすっかり定番として定着しています。

タンは箸で切れるぐらいやわらかく煮込まれている

パッケリ

［イタリア］

イタリア人マエストロが作った、
マカロニの親方

４７２円（５００g）

ナポリの近くにあるグラニャーノは、乾燥パスタ発祥の地として知られています。この地で「パスタイ・グラニャネージ協同組合」のパスタ職人が、昔ながらの手作業でいろいろなタイプの乾燥パスタを作っています。

うちではこの協同組合の製品をいくつか扱っていますが、中でもマカロニの親方のような筒状の〝パッケリ〟が私のいちばんのお気に入りです。大きくてやや厚みがあるため茹で時間が普通のパスタの倍以上もかかりますが、デュラム小麦のセモリナだけを使用しているので、もちもちとした歯ごたえが抜群で小麦本来の風味を存分に堪能できます。

このパスタはできるだけシンプルなソースで食べるに限る、と私は思っています。都内のある有名なイタリア・レストランではパッケリにポルチーニ(イタリア産のきのこ)と生クリームのソースを和えた料理をメニューに載せていますが、わが家では「ペッシェ」(82ページ)と組み合わせて、ペペロンチーノにして食べることが多い。シンプルなペペロンチーノが、このパスタのうまさを最大限にひき出してくれるような気がします。

大門素麺

［富山］

厳寒期に手作業で作られる、
盛夏の冷たいご馳走

735円（350g）

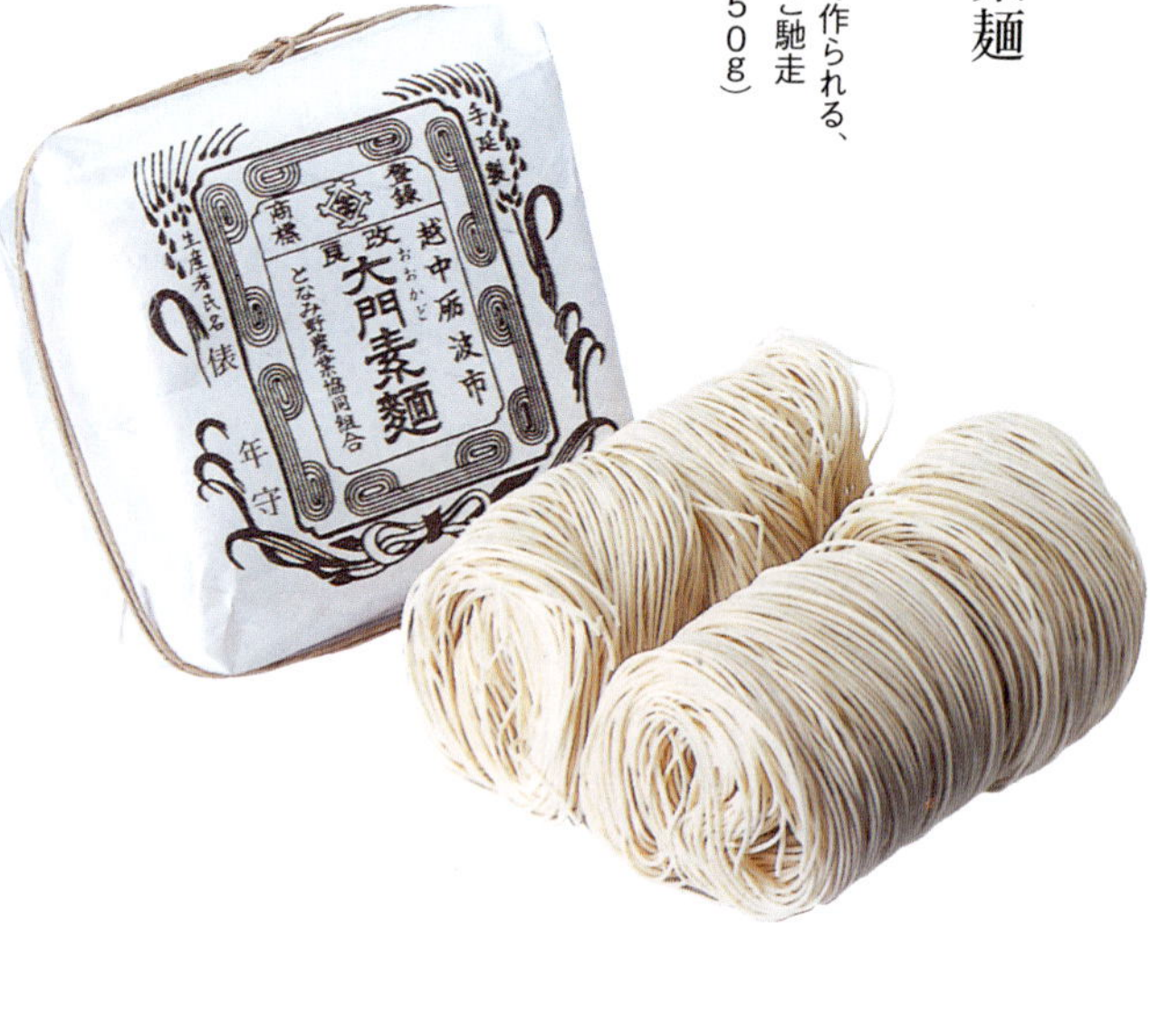

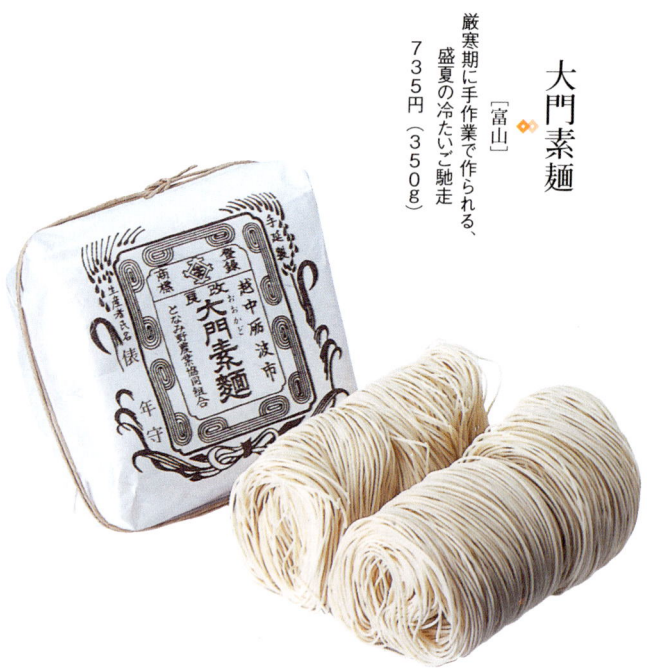

その昔どこかで買って食べたことがあって、「これはうまい素麺だ」という印象を長年いだいていました。店をはじめるにあたり、ぜひ〝大門素麺〟をおきたいと考えていたので、生産している「となみ野農業協同組合」に連絡したところ、「400個ぐらいなら送れます」という返事をもらいました。

この素麺は、富山の砺波《となみ》という地域にいる生産者が11月から3月まで手作業で作っています。毎年春になると農協から「今年も400個いりますか」という連絡が来る。とてもそれでは足りないのだけれど、それ以上わけてもらえないのであきらめるしかありません。どこの店でも毎年同じように売れているので、新規に扱うことができないようです。老舗デパートの中にも直接卸してもらえないところがあり、毎年夏になるとうちの店に「少しわけてもらえないでしょうか」という連絡がある。そのデパートには、うちの酒をおいてもらっている義理があるので喜んで送らせてもらいます。

瀬戸内は素麺の産地なので地元産が圧倒的によく売れる。しかしながら、大門素麺の実力を知っている人は、5個も6個も買っていきます。

なかおの焼き鯖寿司

［岡山］

割烹の主人が厨房で作る、平翠軒の季節限定弁当

１５７５円（１本）

倉敷の住宅街に「なかお」という小さな割烹があります。主人の中尾孝は清潔好きでいつも店をきれいにしているような男なのですが、魚を見る目だけはたしかです。だからいつもいい魚をもっています。

3年ほど前、中尾がつきだしに鯖寿司を出していました。いわゆるふつうの鯖寿司で、酢飯に鯖をのせ、その上に薄い昆布をまいたものです。どちらかというと、私は魚のにおいがそれほど好きではありません。ある日、鯖を焼いてみたらどうだ。魚のにおいが消えるし、皮のぱりぱり感が出てうまいんじゃないか、と話をしたら、さっそく作ってくれました。なかなかいけるのでプライベート・ブランド用に作ってもらうことにしました。以来、秋口から冬の間、週末だけ店のカウンターにおいて販売しています。しかしいい鯖がない日は作ってもらえません。いい鯖があると手に入った本数だけ作ってもってきてくれます。

平翠軒の商品は基本的に取り寄せができますが、〝なかおの焼き鯖寿司〟だけは鯖がうまい季節に倉敷に足をはこんでいただくしかありません。

黒豚角煮まんじゅう

［鹿児島］

一日にわずか２００個しか作れない、
自家製パンを使った天上の美味

５２５円（２個入り）

鹿児島にある「田原ハム」という黒豚専門の肉屋さんが作る、中華パンに黒豚の角煮を挟んだまんじゅうです。角煮もパンも自家製ですが、とくにこの蒸しパンが絶妙な味で申し分がありません。冷凍保存してあるのでぺちゃんこになっていますが、蒸し器で10分ほど蒸かすとぶわっとふくれ、しかも赤ワインで煮込んだ豚の脂がパンにしみ込み、天上のうまさです。

この〝黒豚角煮まんじゅう〟は3年前、熊本の友人が送ってくれました。すぐに電話をかけましたが、社長が忙しい人で何度かけても取り次いでもらえません。お昼ならいるだろうと思い、電話をしたらたまたま社長が出て、「おれは1日に200個作らなければならないんだ。忙しいから邪魔するな」といわれて切られてしまいました。でもどうしても欲しいので、次の日もこりずに電話すると「200個しか作れないのであんたのところに送るものはない」とまた切られた。3日目の電話で、10個でも20個でもいいからなんとかならないでしょうか、とお願いしたら、機嫌がよかったのか心よく承知してくれました。今では毎回100個を冷凍で送ってもらっています。

鴨ロース

［滋賀］

酒と昆布、鰹、醤油で炊いた、
思わず笑みがこぼれる秀作
３６７５円（４００g）

40年ほど前、着物屋をいとなんでいた女性が着物を京都などに納品に行く時、手土産がわりに琵琶湖産の天然鮎で作った佃煮をもっていきました。いつしかその手作りの佃煮が評判となり、着物屋から炊き屋さんに転じました。これが今ではすっかり全国区になった、滋賀の長浜にある「一湖房」創業の経緯です。経営は創業者のおばあちゃんから孫夫婦にうつりましたが、最後の味見は今もおばあちゃんの領分だそうです。

私がはじめて口にしたのは〝鮎の佃煮〟でした。以前は広島産の鮎の甘露煮を扱っていましたが、作っていた人が「もういい鮎がない」といって廃業してしまったため、鮎の佃煮がずっと欠品していました。あちこちから鮎の佃煮や甘露煮を取り寄せたものの、なかなか満足のいくものがありません。ちょうどその頃、誰かが一湖房の鮎を送ってくれました。

以来、一湖房の製品は鮎の佃煮をはじめ、いろいろなものを扱わせてもらっています。その中で〝鴨ロース〟が、最も優秀だと思っています。私は鴨が好きでこれまでいろいろな鴨を取り寄せて食べてきましたが、これほど見事な鴨に出会ったことがありません。

一湖房の鴨ロースは、京都産の合鴨の胸肉を使用しています。以前は別の産地のものも使っていましたが、刺身でも安心して食べられるほど鮮度がいいことから、京都産だけを使うようになったと聞いています。

一度長浜の工房にうかがい、作っているところを見せてもらったことがあります。丁寧に下ごしらえをした鴨の胸肉を大きなフライパンでソテーした後、日本酒でフランベし、北海道の利尻の昆布だしと鰹だし、醤油、日本酒、味醂をベースにしたタレで炊きあげます。あれほどやわらかく、しかも鴨本来の香りや脂のうまさを引き立てて炊くのは熟練のワザを要します。思わず笑い出してしまうようなこのおいしさは食べてみなければわかりません。

ある高名な料理学校の校長が一湖房の鴨ロースを評して、「これは10年に一度出会えるかどうかの逸品です」と絶賛していました。テーブル・コーディネーターのクニエダヤスエさんは、この鴨ロースが大好きでいつも冷蔵庫に常備されています。

刺身でも食べられるほど新鮮な鴨肉を使って…

とがらし

［神奈川］

刻んでおにぎりに入れて食べたい、日本一辛い唐辛子の佃煮

１３６５円（50g）

日本一辛いといわれる、八丈島の島唐辛子を醤油と酒で炊いた佃煮です。このまま口に入れると、ひょっとして死ぬんじゃないかというぐらい辛い。こまかく刻んで焼肉に入れて食べてもおいしいのですが、私がもっとも気に入っているのはおにぎりです。こまかく刻んだ〝とがらし〟を炊きたてのご飯に混ぜて、おにぎりにして食べるのがいちばんうまい。

よく混ぜると、唐辛子の炊き汁がじんわりとにじみ出て、おにぎりが茶色くなります。唐辛子のうま味がしみ込んだおにぎりはまことにうまいのですが、唐辛子の粒を噛んだ瞬間、口から火が出るぐらい辛い。汗が出てくる。

ところがうちでホーム・パーティをする時に真っ先になくなるのが、このとがらしで作ったおにぎりです。みんなが次から次に手を出して食べてしまいます。パーティに出すおにぎりはいちばん最後まで残るものなのですが、とがらしで作ったおにぎりだけは飛ぶように売れます。

これを作っているのは茅ヶ崎に住む加藤ひろこさんという主婦で、祖母が作りはじめた家庭の味を三代にわたって継承しています。

特製　海苔佃煮

［東京］

江戸の味を今に伝える、
海苔漁師の家庭の味

682円（130g）

海苔の佃煮は、甘辛いものだと思われています。ところが、「守半海苔店」が販売している〝特製　海苔佃煮〟は、醤油だけで作っているのでかなり辛い。顔をしかめるぐらい辛い。佃煮の起源は江戸時代ですが、当時砂糖は贅沢品だったので今のように甘辛い佃煮は作られていなかったはずです。この海苔佃煮は、東京湾で海苔の養殖をしていた漁師の息子さんが作りはじめたものです。焼き海苔にできない海苔を、漁師は家で佃煮にして食べていました。その味が口コミで伝わり、料理屋などに売るようになったと聞いています。その方が亡くなり、今では50代の息子さんが東京湾産の生海苔などを使って、昔ながらの辛い海苔の佃煮を作り続けています。

たしかに辛いのですが、醤油だけで煮しめた爽やかさがあるし、海苔本来の香りをとどめています。最初の形を理解できる人が、この佃煮にひかれるようです。一度買うと必ずリピーターになる。「これはすごいですね、誰かにあげたいのでもうひとつ買っていきます」というのですが、生産量が少なく、すぐに売り切れてしまいます。いまや貴重な江戸の味です。

ちりめん山椒

［京都］

奉書紙の上で炒って仕上げた、
京都が生んだ上質な惣菜
６８２円（40g）

京都に住む私の姉の友達、清水浩子さんという主婦が作る〝ちりめん山椒〟です。姉も私同様、おいしいものにとても執着心が強いのですが、ある日、姉が清水さんのちりめん山椒を土産にもってきてくれました。姉の紹介で清水さんと会ったものの、自分が作ったものが売れるはずがないと頭から思い込んでいました。これだけ見事なちりめんはありません。暇な時でいいからぜひ作ってください、と2時間かけてようやく説得することができました。

ちりめんは色が白いほど上質です。なかには漂泊したものも出回っています。いちばん上等のちりめんは鹿児島産ですが、どこのちりめんを使っているのか清水さんは教えてくれません。普通ちりめんを醤油で炊くので、色が濃くなるのですが、清水さんは素材の味を大切にしているのでほとんど味をつけていません。奉書紙の上でちりめんを炒るのだそうですが、それ以上はいっさい明らかにしてくれません。

清水さんが送ってくれたちりめん山椒を瓶に移し、ラベルをはって店に並べます。小さな粒は乾燥剤がわりの宇治茶なのでご安心ください。

究極の焼きのり

［広島］

備長炭で丁寧に焼きあげた、
有明の海の恵み

1050円（10枚入り）

この海苔は、広島にある「辻辺商店」という海苔屋さんに送ってもらっているものです。この店は広島に住んでいる海苔好きの骨董屋のご主人が、「私はここの海苔がいちばん好きです」といって10年ほど前に紹介してくれました。辻辺商店では、暮れに収穫した有明産の海苔を買い付け、自分のところで備長炭で焼いたものを出荷しています。

ご主人はこの道60年以上の大ベテランで、小学6年生の時から海苔を焼いているそうです。はじめて会った時、「うちの海苔は高いので卸すことはできません」と断わられました。高いのは望むところです、高くてもいいからわけてくれませんか、とお願いしてようやく扱うことができました。

ところが最初に届いた海苔は、納得のいくものではありませんでした。値段のことは心配しなくても結構です、いちばんいい海苔を送ってください、と再度お願いしたら、本当にいい海苔を送ってもらえました。もちろん毎年同じ品質の海苔がとれるわけではありませんが、うちの海苔は自信があります。うまい海苔は、子供に食べさせると、いちばんよくわかります。

辛子明太子

［福岡］

古平産無着色腹子で作る、
博多の庶民の味

1365円（100g）

数多ある博多の辛子明太子の中で、平翠軒では元コンピュータ会社の経営者で、料理学校の先生もしていた経験もある安田樹生さんという人が作る〝あき津の辛子明太子〟を選びました。

タラコの腹子を唐辛子などで作ったたれに漬け込んだものが、辛子明太子です。ほとんどのメーカーが漬け込みに使うたれが主役だと考えていますが、たれはあくまでも脇役で、腹子が主役です。安田さんは自分が目利きした北海道古平産の無着色腹子のうまさをより引き立たせるために、昆布と鰹節、純米酒、本醸造醬油、味醂で作った淡いだしに腹子を漬け込みます。ひと口明太子をほお張ると、だしを吸った腹子がひと粒ひと粒、口の中ではじけ散ります。はじめてあき津の辛子明太子を口にした人は「今まで食べていたものはいったい何だったのだろう」と必ず驚嘆します。

しかも安田さんの明太子はどれもみなサイズがそろっている。これより小さい、と腹子がべたべたしているし、大きいとぱさぱさして味がない。だからこの大きさでなければいけないというのが安田さんの持論です。

いなりあげ

［神奈川］

醤油と砂糖で甘辛く炊いた、
創業１６０年の味
６８２円（16個分）

この〝いなりあげ〟は私のお袋の味です。

倉敷は関西以西にもかかわらず味は関東風です。すき焼きは割り下を使わないので関東風だし、おでんも真っ黒な関東炊きを作る家庭が多い。うちのお袋は広島の竹原出身ですが、関東の暮らしが長かったので森田家の料理はもっぱら関東風の味付けをしていました。中でも最も思い出深いのが、お袋が作るお稲荷さんです。甘辛い汁をたっぷりとしみ込ませた味つけの濃い関東風のお稲荷さんが、私の大好物でした。

ところが、今岡山で売っているお稲荷さんは味がパサパサで、中に人参やそぼろが入った混ぜご飯風のほろ甘いものが多く、関東風のお稲荷さんが好きな私としてはとても歓迎すべきものではありません。

このいなりあげは、横浜の「泉平」という創業160年の老舗が作っているもので、東京のスーパーで買ってきました。あまり期待していませんでしたが、女房に作ってもらったお稲荷さんを食べた瞬間、思わず声をあげてしまいました。子供の頃の食べた懐かしいお袋のお稲荷さんの味でした。

もちろん一目散に飛びつきました。何とか供給していただけないでしょうか、と懇願しましたが、なかなか許してくれません。それでもあきらめずにお願いしたら、泉平のご主人が、「お宅の店を見せていただけないでしょうか」といって倉敷にお見えになりました。平翠軒を見てもらってようやく卸してもらえることになりました。

10年前、はじめて泉平のいなりあげをうちの店におきましたが、最初はまったく売れません。だからいつも私が食べていました。おいしいですよ、といくらすすめても、ほとんどの人が倉敷の人間なので「あんな油くさい稲荷寿司なんか食べれない」といって相手にされません。

倉敷近郊には大手企業が点在するので、関東からの転勤族も多い。東京の味を求めた転勤族が買うようになり、いつしかぽつぽつと地元の人間も手を出すようになりました。中には「よくもあんなものを売るものだ」などと文句をいっていた人が、今では毎週のように買いに来ます。こういう味もあるのかと、新しい発見をしたのではないでしょうか。

甘辛い汁をたっぷりとふくんだ、関東人も関西人もうなる味

南関あげ

［熊本］

山村の人々の知恵が育んだ、
郷土が誇る伝統食
472円（3枚入り）

熊本北部の南関郷という山村では、昔から〝南関あげ〟と呼ばれる大きな油揚げが食べられてきました。なぜこの地で南関あげが作られてきたかというと、農繁期には食事を作る時間も食べる時間もないため、この油揚げを手で割り、作りおきの味噌汁やうどんに入れてかき込んでいたのではないでしょうか。夜は鍋に入れてもいいし、そのまま焼いて醤油をかければ焼酎のアテにもなる。大豆油は大切な栄養源なので油抜きはしません。大豆油からうまいだしが出て、鍋もうどんもさらにうまくなる。まさに一石二鳥です。

今もこの地域にある豆腐屋が作っていますが、うちで扱っている「橋本商店」のものがもっとも小さいそうです。といっても約25センチ四方はあるのでふつうの油揚げよりもはるかに大きい。橋本商店がこの大きさにこだわるのは巻き寿司を作るのにこの大きさがもっとも適しているからなのだそうです。南関あげにお湯をかけ、ふやけたら塩をふり、巻簀《まきす》で巻き寿司にして食べます。袋状になっていないので稲荷寿司にはできませんが、大豆油で二度揚げして水分を完全にぬいているので、常温で3カ月持ちます。

若狭　鯖の醤油漬

［福井］

皮が香ばしく脂が美味な、
小浜の魚屋自慢のおかず

５７７円（２切れ）

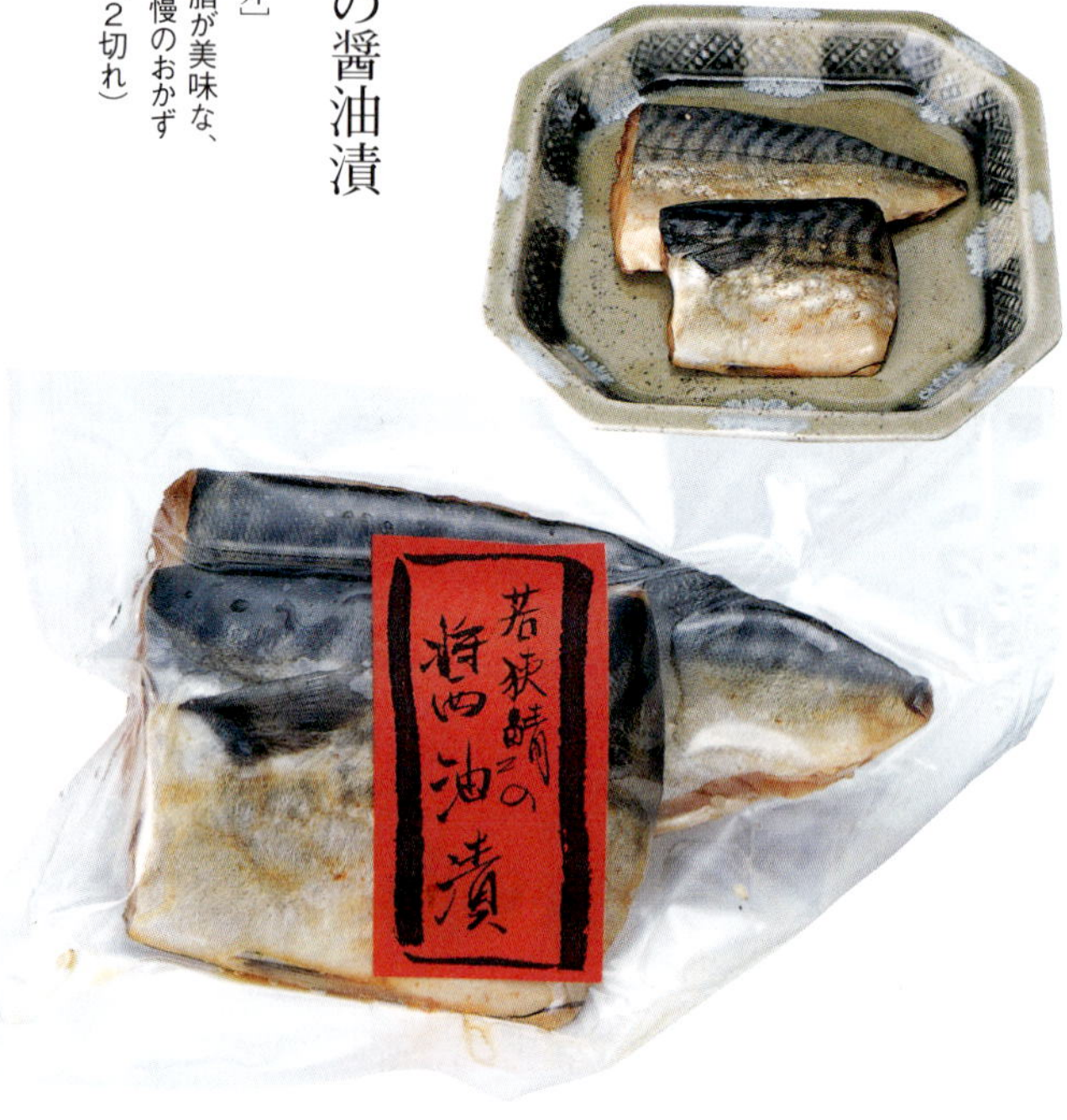

10年ほど前、福井の小浜にある食堂で鯖の醤油漬定食を注文しました。鯖の醤油漬というのは鯖の産地として知られる若狭の常備食で、3枚におろした鯖を何種類かの醤油を混ぜて作った液に漬け込み、焼いて食べる惣菜です。

これまで鯖というと塩焼き、味噌煮、しめ鯖、鯖寿司ぐらいしか食べたことがありませんでしたが、醤油漬は鯖の食べ方としていちばんうまい食べ方ではないかと思えるぐらい感動的な味でした。

その食堂で出している鯖の醤油漬は、「まるほ商店」という漁港の近くにある鮮魚店が作っていることがわかりました。さっそく店のご主人に交渉しましたが、「日持ちしないから駄目だ」と断わられました。うちで一つひとつ丁寧にパックして、脂が回らないように配慮して冷凍保存します、と約束し、ようやく扱わせてもらうことができました。

今では100匹ください、というとすぐに市場で鯖を買ってきて、作って送ってもらえるようになりました。でも時々、「今日はいい鯖がなかった」といって送ってもらえないこともあります。

油揚味噌漬

［石川］

金沢の老舗豆腐屋自慢の、
すぐれものの惣菜

609円（3枚入り）

江戸中期から続く金沢の「大鋸本店」という老舗豆腐屋の逸品です。広島の友達がこの〝油揚味噌漬〟が好きで、長年酒の肴に愛用していました。ある日、その友人が「これを平翠軒で扱ってくれないだろうか。金沢から取り寄せるよりもここで買えるほうが助かるんだが」といってひとつわけてくれました。食べてみるとじつにうまかった。この油揚味噌漬は金沢だけで流通しているものらしく、大鋸本店に電話をしたら、「どうしてご存じなんですか」と不思議そうにしていました。

自家製の油揚げを特製の味噌に漬け込んだのが、油揚味噌漬です。豆腐屋というのは商品を翌日にもちこさないのであまった油揚げをお惣菜に加工するようになったのではないでしょうか。どちらかというと、もともとは豆腐屋の賄いとして作りはじめたものではないかと思っています。

うちでは冷凍保存してあるので、自然解凍後、フライパンやオーブン・トースターで焼き、適当な大きさに切ってそのまま食べてください。甘い味噌の香りと、油揚げの芳しい香りが酒の肴によくあいます。

とうふのみそ漬

［熊本］

熟成したチーズの香りをまとった、平家の落人村に伝わる保存食

１２６０円（１枚）

平家の落人伝説が残る地域では、今も昔ながらの保存食が残っています。熊本の五家荘《ごかのしょう》に伝わる〝とうふのみそ漬〟もそのひとつで、平家の人々が800年前に食べていたといわれています。熊本東南部に位置する五家荘は険しい山々に囲まれており、昔から物資の入手が困難な地域でした。こうした地域であればこそ、先達が考えた保存食が伝わっているのではないでしょうか。とうふのみそ漬は今ではかなりポピュラーになり、いろいろな人が作っていますが、私は「泉屋本舗」のものを選びました。わき水で作った、ひもでしばれるぐらいかたい豆腐をオーブンに入れて水分をとばします。これを一つひとつガーゼで包んだものを自家製の麹味噌に半年間漬け込む。すると豆腐が発酵して、これが本当に豆腐かよ、と驚くような何ともいえない濃厚な味になります。豆腐というよりもチーズのような味です。雲丹《うに》のようなにおいがすることから、山雲丹と呼ぶ人もいます。

ご飯のおかずにも酒の肴にもなりますが、ぜひ豆腐の上にのせてみてください。豆腐を豆腐の上にのせて食べる。これもまたうまい。

あわ紅豆腐

［大阪］

大企業が工場で細々と作る、伝統的な発酵食品

1627円（6個入り）

中国の〝腐乳〟をご存じでしょうか。カビを生えさせた豆腐を紹興酒や麹などに漬け込んで発酵させたものが腐乳です。これがいつしか琉球王朝に伝わり、泡盛や紅麹、米麹を使った〝豆腐よう〟が誕生しました。

〝あわ紅豆腐〟はボンカレーで有名な大塚食品が、7年前に製品化したものです。日本酒の原料を主体にした素材に漬け込んで発酵させているので、とても食べやすくなっています。大企業がなぜこのような伝統食品の流れをくむ食べ物を作っているかというと、15年ほど前、当時社長だった方が中国で腐乳を食べて感激し、豆腐を使った発酵食品の開発を命じたそうです。うちではナショナルブランドの製品は扱っていませんが、オーナーの趣味で伝統食品を作りはじめたという話を営業マンから聞き、おくことにしました。

じつはあわ紅豆腐は、漬け汁がまた素晴らしい。醤油を加えてドレッシングにしたり、漬け汁にアボカドを漬け込んでデザートにするなど、アイデア次第でいろいろな料理にアレンジすることができます。実際、プロの料理人がこのソースを店のオリジナル・メニューに使っています。

手間と暇を惜しまない、本格チーズや燻製

吉田牧場のラクレット

［岡山］

土と獣のにおいがする、職人の手作りチーズ

682円（100g）

おそらく日本で、これほど多くの料理人に愛されているチーズはないのではないでしょうか。吉田全作さんが作るチーズは、イタリア・レストランをはじめ、焼鳥屋でも愛用されています。中でも特にひょうたん型の〝カッチョカバッロ〟は有名で、薄くスライスして焼いたチーズを吉田牧場のカッチョカバッロというメニューで出しているレストランもあります。

料理人はもちろん、一般の人からの注文も殺到しているのですが、自分の牧場でとれた牛乳を使って吉田さんが一人でチーズを作っているため、なかなか生産が追いつきません。うちでもカッチョカバッロは3カ月、〝カマンベール〟は1カ月待ちの状況です。一度に50個ほど入荷しますが、半日で売り切れてしまいます。

カッチョカバッロもカマンベールもおいしいと思いますが、私自身は〝ラクレット〟が最も気に入っています。ラクレットというのは直径30センチ、厚みが7センチ、重さが6キロ程度の円盤型をした、半硬質タイプのチーズです。熟成室で3カ月ほど寝かせたものが、年に3回ほど届きます。それを

うちで100グラムほどの大きさに切って販売しています。

はじめてラクレットを見せられた時は、正直いってこんなくさいものが食えるわけがないと思ったものです。ところが、実際に食べてみるとまったくにおいを感じさせません。茹でたじゃがいもをスライスし、その上に薄く切ったラクレットをのせてオーブンで焼いたものに、オリーブ・オイルと黒胡椒をかけて食べると天上の美味を味わえます。日本ではあまり作られていないチーズですが、吉田さんのラクレットはすさまじくうまい。

うちでは「吉田牧場」のチーズを創業当初から販売しています。うまいもの好きな陶芸家の友人が、吉田さんが主催するジャズ・コンサートに誘ってくれたのがきっかけで扱わせてもらうようになりました。

吉田牧場は、岡山と広島にまたがる吉備高原にあります。牧場の広さは牛を放牧する約3ヘクタールの牧草地を含め、約6ヘクタールです。その敷地内に牛舎や住居、チーズ工房などが点在します。

吉田さんがこの地で牧場をはじめたのは昭和59年のことです。当初はホルスタインの乳を搾乳して販売していましたが、より付加価値のあるものを売ろうと思い、チーズ作りをはじめたそうです。

チーズ職人吉田さんの名は、徐々に料理人の知るところとなりました。しかしまだ一般の人にはほとんど認知されておらず、吉田さんも大変苦労していたようです。作ったチーズがさばけないこともあったらしく、「平翠軒で売ってもらえませんか」という電話が時々かかってくることもありました。今ではとても考えられないことですが、カマンベールが月に100個送られてきたこともありました。

同じ岡山ということもあり、いろいろな話をさせてもらっています。年に何度か遊びに行くのですが、ある時、たしか秋だったと思いますが、吉田さんが憂鬱そうな顔をしてつぶやきました。

「牛たちが年をとってきました」

吉田さんのところでは、日本では珍しいブラウンスイスという乳牛を飼っています。乳量は数回出産した時期がピークで、以後徐々に減っていくそうです。乳量が減っても飼料は減らないのでロスが増える。普通の牧場は牛を入れ替えることで一定の乳量を確保しています。つまり、年をとった牛は食肉にするわけです。

でも、吉田さんは子牛の頃から育ててきた牛を食肉解体場に送ることができません。「何かいい解決方法がないだろうか」というようなことをその時、吉田さんに相談されました。しかし、私に解決策などあるはずもありません。何もいわずに吉田さんは帰ってきました。

雪が解け、青草が出た頃、吉田さんに会いに行きました。その時の吉田さんは秋に会った時と違いとてもすがすがしい顔をしていました。

「何かいい解決方法がありましたか」

「あったあった、ありました。牛はこのままうちで飼うことにしました。自

分たち夫婦も1年1年、年をとるので昨年と同じように働くことができません。乳量が減るということは、私の仕事量が減るということなのでちょうどいいんです。私たちは牛たちといっしょに、このまま年をとっていくことにしました」

じつによい解決策を見いだしたものだと感心させられました。

現在、吉田さんは10頭のブラウンスイスと5頭のジャージーを飼っていて、それぞれにハーブや花の名前がついています。名前は花が好きな奥さんの千文さんが命名するそうです。牛たちも自分の名前が呼ばれればふりむくし、近寄ってきます。

いつも不思議に思うのですが、吉田牧場の牛はほとんど鳴きません。動物が鳴くというのは、ストレスがかかっているからだそうです。ところが、吉田牧場の牛たちは見知らぬ人が近づいてもまず鳴きません。放牧しているので、ストレスを受けずに暮らしているのではないでしょうか。

いつでしたか吉田さんに「なぜあなたのチーズはこれほどうまいのですか」という質問をしたことがあります。

「ストレスのない状態で飼っている牛の乳を、ストレスを感じていない一人の人間が一貫生産しているからではないでしょうか」という答えが帰ってきました。

吉田さんはいつも、お気に入りの音楽を聴きながらチーズを作っています。もちろん生き物の世話は休みがなくて大変ですが、牛にも吉田さんにもストレスがほとんどないようです。仕事が終われば、ワインをかたむけながら手作りのイタリア料理を食べてリビングで寛ぐ。

吉備高原は雪が多く、冬の間牛たちは枯れ草を食べていますが、春が来るとまた青々とした青草を食べます。早春の青草を食べた牛の乳で作るチーズはまっ黄色で、獣そのもののにおいと土の香りをはなっています。そのにおいがチーズのいちばんの特徴だと思っています。

富《と》夢《む》翔《と》夢《む》のベーコン

［岡山］

自家製配合飼料で育てた豚で作る、和風パンチェッタ

630円（100g）

「富夢翔夢《とむとむ》」というのは、岡山県の神郷町《しんごう》にある小さいな養豚場の名前です。人家も何もない山頂で、ご主人の今井眞治さんが豚を育て、奥さんが〝ベーコン〟を作っています。どうしてこんな辺ぴな場所に住んでいるのかというと、岡山大学で学生運動をしていた今井さんは卒業しても就職できませんでした。そのためこの地に根をおろして豚を飼うことにしたそうです。

普通の養豚家は三元交配豚と呼ばれる白い豚を6カ月でつぶします。もっと急激に餌を与えれば5カ月で出荷できます。ところが、今井さんは餌の量を減らし、7カ月かけてゆっくりと育てています。そうすることで肉がやわらかく、しかも脂ののりがよくなるのだそうです。今井さんは3年前から徐々に三元交配豚から、より肉質のよい黒豚に切り換えはじめました。黒豚は三元交配豚よりも小さいため、さらにひと月長く飼っています。

餌は昔からまったく変えていません。抗生物質はいっさい与えず、とうもろこし、大豆粕、魚粉、米ぬか、酒ぬか、麦などの自家製の配合飼料だけで育てています。豚に麦を与える養豚家は少ないそうですが、麦を食べると肉のしまりがよくなり、キメがこまかくなると今井さんはいいます。

富夢翔夢ではベーコンの他、ハムやソーセージなども販売していますが、もともと奥さんが3人の子供に食べさせるために作りはじめたものです。だから保存材も発色材も使わず、塩や香辛料などの天然素材だけで味つけをしていました。市販するようになっても、自分の子供たちのために作っていた時とまったく同じ製法で作っているので、安心して食べられます。もちろん安全なだけでなく、香り高く、美味この上ありません。

うちではベーコンの他、焼豚も扱っていますが、無添加なので冷凍保存しています。ベーコンはパンチェッタタイプ（イタリアのベーコン）です。解凍後、1週間ぐらいは薄くスライスして、醤油をつけてそのまま食べてごらん、と今井さんに教えられました。炒めなくて平気ですかと聞いたら、

「うちのベーコンは生で食べられます」

と、太鼓判を押しました。

もちろんベーコンそのものがおいしいので、どんな料理にも使えます。豚

の脂がこんなにも甘いものか、今井さんの豚を食べてはじめて知りました。

平翠軒の近くに「クマ」という小さなイタリア・レストランがあります。その店の西村文雄シェフが富夢翔夢のベーコンをとてもひいきにしています。カルボナーラやじゃがいものローストに富夢翔夢のベーコンを入れた料理が得意なのですが、「富夢翔夢のベーコンはイタリア製のパンチェッタにもひけをとりません」と西村シェフはべた褒めしています。

西村シェフが作るカルボナーラは絶品です。生クリームを使わないカルボナーラなのであっさりした仕上がりなのですが、今井さんが育てた黒豚のベーコンがやさしいアクセントになっています。

わが家では富夢翔夢の精肉も食べています。というか、豚は富夢翔夢の豚肉しか食べないので、冷凍庫には今井さんに送ってもらっている豚肉がいつも入っています。ブロックでも買えるし、ロース肉のしゃぶしゃぶやスペアリブ、豚カツ用にして送ってもらっています。富夢翔夢の肉でしゃぶしゃぶをすると、不思議なことにほとんどアクが出ません。

白かび熟成のソーセージ

［岐阜］

赤ワインとの相性が抜群な、
フランス仕込みの美味
１３６５円（１００g）

白カビ熟成のソーセージをご存じでしょうか。カマンベールチーズに使用している白カビをサラミタイプのソーセージにうえつけて発酵させ、熟成させたものです。日本ではかなり珍しいタイプのソーセージを飛騨の山中にある「キュルノンチュエ」という食肉加工工房が作っています。

キュルノンチュエは、山岡準二さんという70代の男性がいとなむ工房です。56歳の時、山岡さんは単身で渡仏し、3年間燻製工房で修業しました。帰国後、飛騨山中に工房を構えたというユニークな経歴の持ち主です。

山岡さんが作る〝白かび熟成のソーセージ〟は黒豚のもも肉とバラ肉に背脂や香辛料を混ぜたものを豚や牛の腸に詰め、仕上げに白カビを付着させて熟成させてあります。普通のサラミは塩分が強くしょっぱいのですが、山岡さんの白かび熟成のソーセージは、ほとんど塩分を感じません。チーズによく似た熟成臭とスパイスのきいたコンビネーションが抜群です。薄く切って赤ワインと食べると美味この上ありません。好きな人は病みつきになるらしく、何本もまとめて買って帰ります。

パルミジャーノ レッジャーノ

［イタリア］

イタリアが世界に誇る、
太鼓型のチーズ

682円（100g）

パルマ周辺の特定地域で作られる〝パルミジャーノ・レッジャーノ〟は、塩以外の添加物を使わずに18カ月以上寝かせて熟成させてあります。たぶんほとんどの人が、小わけにされた真空パックのものしか見たことがないと思いますが、このチーズは1個が40キロぐらいある太鼓の形をしています。

神奈川の葉山に、「タントテンポ」というイタリア食材の店があります。その店では、ご主人の斎藤芳昭さんがこの太鼓型チーズを専用のナイフでカットして販売していますが、うちでは4分の1にカットしたものを送ってもらい、それをさらに200グラム程度の大きさに割ってパックしています。

斎藤さんはパルミジャーノ・レッジャーノの本当によい状態の香りを熟知しているので、ダメなものは送ってきません。注文しても「今あるのはあまりよくないので、ちょっと待ってください」とはっきりいいます。だから斎藤さんが選んだものなら絶対に信用できる。今うちでは、3年ものと2年ものを送ってもらっています。削ってパスタやサラダにかけて食べてもいいですが、ぜひ赤ワインといっしょに食べてみてください。

ハモン・セラーノ

［熊本］

伝統的な製法を受け継ぐ、
スペイン生ハムの本道
1785円（80g）

平翠軒では、「ごちそうの絵本」というカタログを作っています。もちろん個人のお客様にもお渡ししていますが、新規に取引をお願いしたいメーカーに送ることもあります。商品を扱わせてほしいと頼んでも、はじめはなかなか信用してもらえません。でもこのカタログを送ると大抵の人は心よく応じていただけるようです。ごちそうの絵本はうちの店にとって、商品を新規に開拓する時の心強いツールになっていると自負しています。

ところが、かつてなかなか取引に応じてくれない人がいました。〝ハモン・セラーノ〟と呼ばれるスペイン生ハムを作っている、熊本の「ハモン・デ・クジュウ」の後藤隆広さんです。

「うちのハモン・セラーノは熟成臭が強いので、はじめて食べる人がこのにおいをかぐと『腐っている』といわれることがあります。私がいないところで販売されると、きっと同じようなクレームがつくはずです。申し訳ございませんが、卸しはお断りします」

後藤さんはスペインの生ハム工房を視察し、その作り方を勉強してきました。その製法をしっかりと受け継ぐ後藤さんのハモン・セラーノは、タンパク質の熟成した香りやチーズを思わせる芳醇で香しいにおいがします。

しかし、日本人は昔から肉のにおいを消すことに苦心してきた民族なので、においのする食肉文化にはなれていません。日本に輸入されている大手メーカーのスペイン生ハムは、日本人に好まれる、においをおさえた製品が圧倒的に多い。本道をはなれた、似ても似つかない工業製品の味とにおいに慣れ親しんだ人が、後藤さんのハモン・セラーノを食べると拒否反応を示す。そうした危惧もあって、後藤さんは卸しを許可してくれませんでした。

私もものを作る同じ生産者として、後藤さんの心配も十分理解できました。うちの店では、私がきちんと顧客に商品の説明をするという約束で、おかせてもらうことができました。

後藤さんのハモン・セラーノは4種類のハーブと植物性飼料のみで育てたハーブ豚の足を1年8カ月熟成させてあります。一方、スペインのハモン・セラーノの熟成期間は最低6カ月からと短い。後藤さんが作ったものとスペイン産では、おのずと熟成香に違いが出てきます。

スペインでは、ハモン・セラーノの上にハモン・イベリコ、もうワンランク上にハモン・イベリコ・ベジョータという高級生ハムも作られています。

この前、後藤さんがうちに来られた時、ある商社が輸入しているハモン・イベリコ・ベジョータがあったので後藤さんに食べてもらいました。

「本物のイベリコ・ベジョータは、やっぱりすごいですね」

後藤さんはがっかりしていましたが、そうではありません。イベリコよりも後藤さんが作る生ハムのほうがはるかに上だし、原形をとどめています。スペインのものは、どうやったらもっと売れるか考えて作っているため、もはや原形をとどめていません。後藤さんはスペインで習った作り方を守り続けるしかないので、日本で作りながら本国のものよりも本物です。文化は辺境に残るといいますが、後藤さんのハモン・セラーノにもその言葉があてはまります。後藤さんが作るハモン・セラーノは、うちの店にあるものの中で私がもっとも好きな食べ物のひとつです。

料理をひと味もふた味も変えてしまう、スパイスとタレの妙味

カレースパイス

［宮城］

プロが隠し味に愛用する、
インド原産の特製調味料
１２６０円（１１０g）

この〝カレースパイス〟は、仙台にある「ガネッシュ」の阿部耕也さんという人がコリアンダーやカルダモンなどの19種類のスパイスをブレンドしたもので、平翠軒をはじめた時から扱っている定番商品です。

ガネッシュはもともと紅茶専門の会社で、カルカッタで開かれるティー・オークションで入札した最上級のアッサム茶とダージリン茶を販売しています。このオークションはインド政府が管理しており、世界中の紅茶メーカーやインド国内の紅茶輸出業者が参加しているそうです。

阿部さんの紅茶を教えてくれたのは、大阪の曽根崎新地にあるレストランでした。8席ぐらいしかない小さな店なのですが、コースで2万円以上することで知られる高級レストランです。その店では、食事の最後にミルクティーを出してくれるのですが、この紅茶がまことに素晴らしい。

何度か通い、オーナー・シェフからこのミルクティーの作り方を聞き出すことができました。

「何、簡単ですよ。この紅茶を使うのです」

といって見せてくれたのが、阿部さんの紅茶でした。

「アッサムを人数分＋スプーン1杯入れて、牛乳といっしょに煮ます。3分経ったらこして、今度はダージリンを1杯入れて、また1分ほど煮るとアッサムとダージリンの香りが出て、こういうミルクティーになります」

オーナー・シェフに阿部さんの電話番号を教えてもらい、さっそく家に帰って電話をしました。

「阿部さんの紅茶を売ってもらえませんか」

「もちろんいいですよ。じつはよくインドに行くので、カレーのスパイスも扱っています」

ということで、阿部さんがブレンドしているカレースパイスも紅茶といっしょに送ってもらうことにしました。使用している19種類のスパイスはすべて選び抜かれた特級品で、しかも鮮度を保つために少量ずつ輸入しているためコストがかかり、スパイスとしてはかなり高価なものです。

しかし、阿部さんのカレースパイスを使うと素人でもプロ以上のカレー料理が作れます。カレースープを作るとこのスパイスの偉大さがよくわかる。香辛料の固まりというか、香りのエッセンスであることを実感できます。もちろんある程度辛いのですが、あっさりとした辛さでとげとげしさはまったくありません。

その他、豚肉にまぶして焼くとか、塩とカレースパイスでドライカレーを作るとか、調味料として使ったほうが香りがより冴えてくるように思えます。市販のインスタント・カレーにこのスパイスを加えると、風味豊かなカレーに仕上がります。

阿部さんのカレースパイスは、料理好きの奥さんにとても人気があります。それと、ある種のプロの料理人です。料理の隠し味に使っているプロが、「これ以上のスパイスはない」といって買って帰ります。ただし、カレー専門店では高くてなかなか手が出ないようです。

阿部さんの紅茶は、ごく普通の人が買っていきます。とくにうちでは、外国で長いこと暮らしていた人に人気があるようです。

ペッシェ

［イタリア］

「魚」という名前を頂戴した、イタリアのミックス・スパイス

４４１円（50g）

岩塩やイタリアン・パセリ、ニンニク、玉ねぎなどが入ったミックス・スパイスで、イタリア食材を輸入している「ノンナ・アンド・シディ」が2年ほど前から扱っています。イタリア語で魚という意味の〝ペッシェ〟は、その名の通り魚料理におすすめです。たとえば、鯛やヒラメ、サワラなどの白身の魚を塩をしないで焼き、仕上げにペッシェをかけてみてください。

わが家ではパスタに使うことが多く、パッケリ（18ページ）との相性が抜群です。フライパンに少量のオリーブ・オイルをひき、パッケリ10個に対し、大さじ1杯程度のペッシェを入れてかきまぜます。アルデンテに茹でたパッケリをフライパンに入れて、ペッシェを和えてください。スパイスの色も美しく、一枚一枚夢中になって食べてしまいます。

その他、鳥のから揚げの下味に使うという人もいれば、温めたオリーブ・オイルにペッシェを和えて作ったソースをポテト・フライにつけて食べるのが最高だと褒めちぎる人もいます。ペッシェを使うとわが家の和食が一発で美しく、おいしいイタリアンに変身します。

黒七味

［京都］

京都の老舗香煎屋に伝わる、一子相伝の香辛料

８４０円（10g）

京都の祇園に300年前から続く「原了郭」という香煎《こうせん》屋さんがあります。香煎というのは陳皮などの香りのある素材を粉末状に加工したもので、お湯に入れて香りを楽しみながら飲むものです。京都のこの店で今もっとも有名なのが、香煎を配合して作った〝黒七味〟ではないでしょうか。

京都に行った人は、大抵七味屋さんの七味をお土産に買って帰ります。それもおいしいのだけれど、原了郭の黒七味は格が違います。馥郁《ふくいく》たる香気とハリのある辛味で蕎麦やうどんが2倍おいしくなる。原了郭では一子相伝といって、一代で一人にしかその調合のレシピを継承しない、厳格な教えが今もしっかりと受け継がれています。

京都の老舗の中には、大手デパートでも扱うことができないところもあります。原了郭もそのひとつで、ある老舗デパートでは直接扱うことができず、うちの店を通して仕入れています。私は、京都の「山田製油」という胡麻油メーカーの社長に原了郭のご主人を紹介していただきました。山田さんとは昔からの友達だったので、すぐに扱わせてもらうことができました。

ろく助の塩

［東京］

特製スープでじっくりと炊いた、焼鳥屋の秘蔵っ子

９４５円（１５０g）

この塩は、赤坂の「よしはし」というすき焼き屋の女将が教えてくれたものです。「赤坂のろく助で作っている塩なので、なかなか出来がいい」と女将にすすめられて、すぐに取り寄せてみました。パッケージに「食塩と椎茸、昆布を使用」と表記してあるのですが、天然素材だけで作っているはずなのにとても味が濃厚で、アミノ酸を添加しているような気がしてなりません。「ろく助」のご主人高野正三さんに電話したところ、「プロには絶対いいませんが、あなたは素人だからいいでしょう。じつはあの塩は、特別なスープで炊いています」と教えてもらいました。特別なスープの正体は、高野さんとの約束でこれ以上申し上げることができません。

白塩は、このままお湯に溶かすだけですまし汁になります。だからこんなに高い塩なのにとてもよく売れます。「この塩になじんだら、もう他の塩は使えません」といって、普通の主婦が買っていきます。胡麻はおにぎりや赤飯にお使いください。梅は天ぷらに、柚七味は焼き魚にふりかけると柚子の香りが引き立ちます。高野さんの業がさえる逸品です。

鮎《あゆ》魚《ぎょ》醤《しょう》

［大分］

料理人が太鼓判を押す、
香魚で作った醤油

840円（100㎖）

今、魚醤《ぎょしょう》が全国的に脚光をあびています。これまでハタハタで作った秋田の〝ショッツル〟や、イカを原料にした能登の〝イシル〟が一般的でしたが、近年カツオやサンマを作った魚醤も製品化されています。関西では特殊なにおいがする魚醤はあまりなじみがありませんでしたが、この魚醤は鮎を使っているだけに〝ウルカ〟を思わせる芳しい香りがするのが特徴です。

大分の日田にある「まるはら」という味噌蔵が4年前に開発したもので、骨ごとミンチにした鮎に塩をして、4カ月ほど寝かせて発酵させて作ります。醤油は小麦をもちいるため、小麦アレルギーの人は絶対に使えません。でもこの〝鮎魚醤〟は、小麦無使用なので小麦アレルギーの人でも安心です。

鮎魚醤を隠し味に使うと味が深くなることから、最近料理人が目をつけはじめました。おすましや煮物に入れたり、ズッキーニなどの野菜のグリルに鮎魚醤をぬって焼くと芳しい一品が仕上がります。まるはらの社長によれば、福岡にある一流ホテルの料亭や、東京にある野菜を主体としたイタリアンが、この鮎魚醤をひそかに愛用しているそうです。

香味野菜のウスターソース

［岡山］

新鮮野菜を包丁で刻んで作った、昭和の味がする西洋醤油

420円（360㎖）

私の友達であり、後輩でもある「倉敷鉱泉」の石原信義が作るウスターソースです。石原のところでは東京オリンピックの頃からこのソースを販売していますが、これまで一度もレシピを変えず昔ながらの味を守ってます。ウスターソースのベースは野菜の煮汁です。野菜エキスやパウダーを使っているメーカーが多いのですが、倉敷鉱泉ではトマトや人参、玉ねぎ、セロリなどの生野菜を家庭用の包丁で刻み、大鍋でくたくたに煮て作った野菜スープに塩や酢、香辛料などを加えて味をととのえています。だから非常に味が濃く、おだやかな甘みもあります。

他のメーカーでは手を変え品を変え工夫をしますが、石原の〝香味野菜ウスターソース〟は何のてらいもなければ、何の工夫もありません。何も特徴がないところが、このウスターソースのいちばんの取り柄です。

北海道の人からこのソースを3本送ってくれという注文があります。送料のほうが高くついてもかまわないといわれます。きちっとしたものを理解していただける人が、一人でもいることは嬉しい限りです。

カニーノ

［イタリア］

紀元前10世紀頃から栽培されている、イタリアの伝統的なオリーブオイル

1260円（250㎖）

ローマがあるラツィオ州のカニーノ村で育てられている〝カニーノ〟というオリーブからとれたエキストラ・ヴァージンオイルで、DOP（保護指定原産地表示）の指定を受けています。紀元前10世紀頃から栽培されているイタリアの伝統的なオリーブ品種として知られており、実が小さく搾油量がとても少ないにもかかわらず、品種改良されずに今も大切に育てられています。

香りが高く、フルーティな味とわずかに残る渋みは新鮮なジュースのようです。一度食べたら忘れられません。肉でも魚でもどんな素材とも相性が抜群です。ただあまり加熱すると特有のフレーバーがとんでしまうので、天ぷらなどの揚げ物にはむきません。トマト・ソースはもちろん、ドレッシング・オイルに使うと野菜が生きてきます。パンにつけるとバター以上に美味です。

料理研究家の北村光世さんがカニーノが大好きで、イタリアから個人輸入しています。うちでは北村さんにお願いして何本かわけてもらうことができました。5リットル缶に入っているのですが、一般家庭用には少し多すぎるので、うちで250ミリリットルのガラス瓶に詰め換えています。

鴨の蕎麦つゆ

［岡山］

蕎麦職人が厨房で作る、〝一生懸命の味〟

630円（200g）

平翠軒と目と鼻の先にある「さくら」という蕎麦屋が作る蕎麦つゆです。真空パックの容器の中に鴨のロース肉とつくね、焼きネギが二人分入っています。さくらでは同じ蕎麦を〝鴨汁そば〟というメニューで出しているのですが、当主の西原邦夫が頑固な男で、鴨の季節にしかこの蕎麦を出そうとしません。

「何でお前はこのうまい蕎麦を10月から4月までしか出さないんだ?」

「鴨の季節は冬だからです」

「鴨たって間鴨だろ。季節なんて関係ないじゃないか」

「いや、だめです」

「じゃあ、うちのプライベート・ブランド商品用に年間を通して作ってくれ」

「ちょっと考えさせてください」

しばらくしたら西原がうちにやってきて、「うちも売り上げが低いからやらせていただきます」といって引き受けてくれました。

店の厨房で炊いた鴨肉や焼いたネギを、つゆといっしょに西原がうちに届けてくれます。別々の容器に入れてもってきてもらったものを、うちの従業員が一袋ずつ詰めていく。ロース肉を2枚、つくねを2個、ネギを4枚、つゆは鴨の脂が表面に浮いてしまい、弱火にかけた鍋をかき回しながら袋に詰めるのでとても手間がかかります。さくらの開業は8年前で、〝鴨の蕎麦つゆ〟はそれから3年ぐらいしてから製品化しました。

西原はもともとサラリーマンでしたが、蕎麦に魅せられ、脱サラして岡山の蕎麦屋で3年間修業しました。生活もあるし、そろそろ独立しようというので店を探しはじめた。うちの近所に空いている店があったので、以前から知り合いだった私は西原を誘いました。蕎麦屋は酒を飲むので歩いていける範囲にあると助かるんだ、だからこっちに来い、と呼びました。

西原は開業した時からうまい蕎麦を打っていましたが、つゆがうどんのようなつゆでした。修業先でも蕎麦つゆの作り方を教えてもらえなかったのか、みんなからまずいといわれた。打っている蕎麦は関東流の更科なのですが、つゆが関西風で蕎麦とつゆがまったくあわない。つれてきた以上、私にも責任があるので、開業からわずか3カ月でいったん店をしめさせました。

東京の神楽坂に「たかさご」という古い蕎麦屋があります。「森田酒造」と取引があった関係で、私はたかさごのご主人に相談しました。すぐにつれてきなさいといっていただけたので、西原は神楽坂の店に行き、つゆの取り方を一から覚えて帰ってきました。たかさごで習得したつゆは、東京風なので更科蕎麦とよくあう。おかげで、すぐにみんなからさくらの蕎麦はうまいといわれるようになりました。

さくらでは昼間は蕎麦と酒の肴を出していますが、夕方からコース料理を出しています。酒を飲みながらいろいろな料理を食べてもらい、最後に手打ち蕎麦でしめる。西原は自分が蕎麦以外は素人だということをよくわきまえているので、一生懸命苦労しています。どうやったらお客に喜んでもらえるか、毎日必死になって考え工夫しています。普通のプロは絶対にそんなことはしません。10年1日のごとく同じものを出してくる。そこが西原の偉いところだと、私は感心しています。

ついつい晩酌がすすむ、
何でもないけど、
どこにもない

酒の肴

干し口子《くちこ》

［岡山］

能登だけが本場ではない、
備前産の海鼠《なまこ》

２９４０円（１枚）

知り合いの食べ物好きな備前焼の作家から、岡山の備前市にある「備前海産」という海産物屋に、自分用の〝干し口子《くちこ》〟を作ってもらっているという話を聞きました。干し口子といえば能登産しかないと長年信じていたので、岡山で干し口子を作っていることがとても意外でした。さっそくその作家に備前海産を紹介してもらい、作業場を見せてもらうことしました。

ナマコのわたを塩辛にしたのが〝このわた〟で、卵巣を干して束ねたものが干し口子です。その日たまたま大量のナマコが水あげされたらしく、このわたに加工するわたの部分と卵巣とにわける作業をしていました。作り手により、しっかりとわたを取り除く人と少し残しておく人がいます。しっかりわたを取り除いた口子は、透明感のある仕上がりになる。そうでないものは透明感がないかわりに、磯の香りが強いような気がします。備前海産ではこのわたを取り、卵巣だけにしたものを細い縄に干していました。

うちの店では創業当初から能登産の干し口子を扱っていましたが、風土への愛着心もあり、2年前備前産に切り換えました。

いなだ鰤《ぶり》

［石川］

能登の自然と知恵がはぐくんだ、
加賀八万石の伝統食
472円（100g）

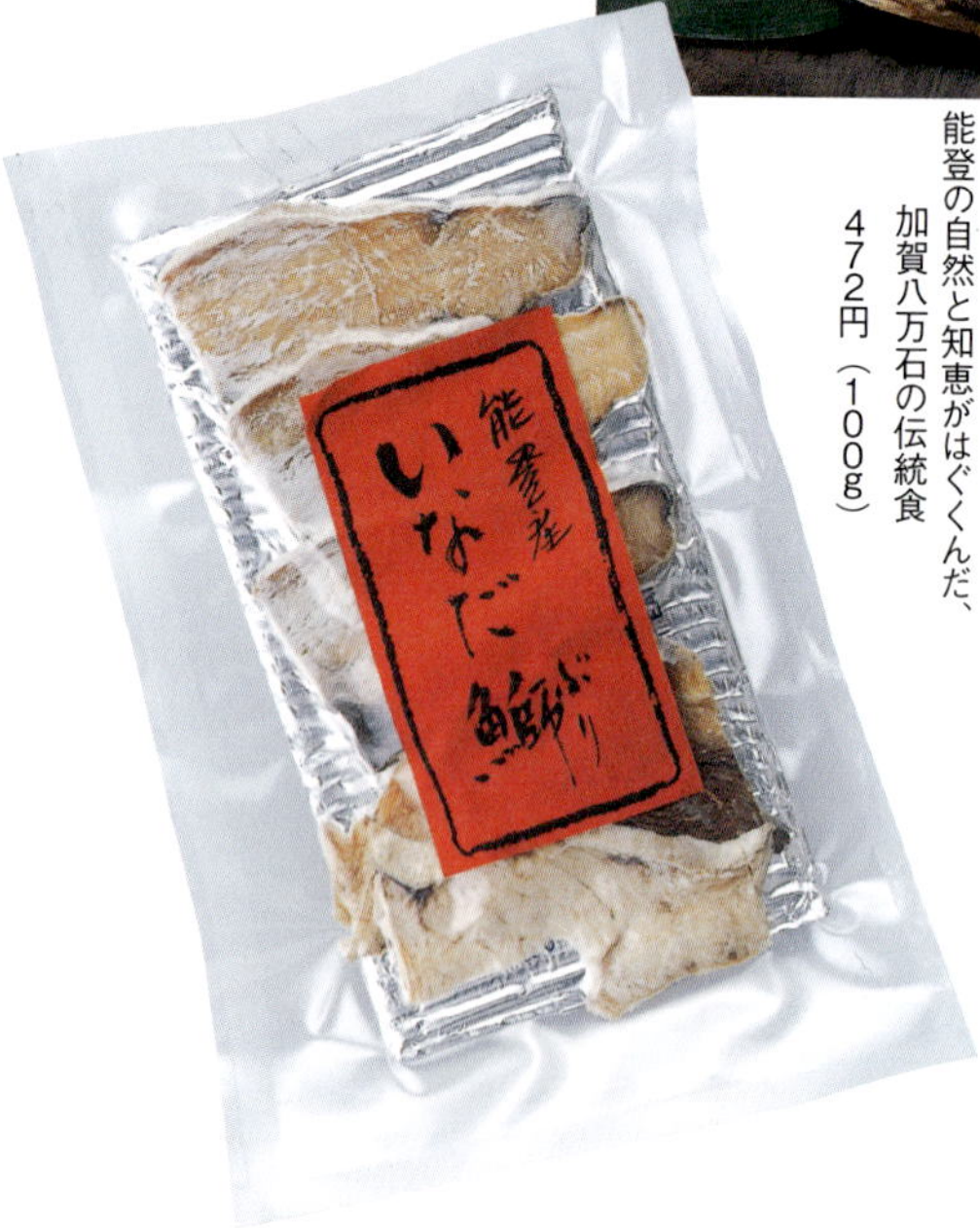

関東では鰤《ぶり》の若魚をいなだと呼んでいますが、金沢の〝いなだ鰤〟は鰤をコチコチに干したもので鰹節のように削って食べます。塩をした鰤を半年以上、軒下につるして作る、能登の漁師が晩酌に嗜むための酒の肴です。

はじめて食べた時、うまく何ともなかった。ただ噛んでいると塩と鰤の味がじんわりとにじんでくる。棒タラに似てますが、それよりも脂がなく、乾燥度も高い。しかし風土が生んだいなだ鰤に出会ったことで、伝統食を集めた平翠軒をはじめようと思った、私にとって記念すべき品です。

店にいなだ鰤が1本飾ってあります。2万5000円の正札をつけていますが、私の大切なコレクションなので金輪際売るつもりはありません。そのかわり、能登半島の土産物屋で買ってきたスライスしたいなだ鰤を販売しています。残念ながら、近年は近江市場に行っても富山に行ってもいなだ鰤に出会う機会がめっきり減りました。能登の伝統食が生まれた背景を知らない人が、今後ますます増えていくことでしょう。どんなものにも命があるように、食べ物にも終焉があることはやむを得ないことです。

サバスモーク

［北海道］

紋別の燻製職人が自慢する、
おがくずで燻した鯖

577円（85g）

自分で魚の燻製を作ったことがあります。しかし、脂の多い魚を燻製にするのはものすごく難しい。大トロをスモークしたことがありますが、脂が煙を吸ってしまい、煙くさくてとても食べられたものではありませんでした。

この鯖の燻製は、北海道・紋別の安倍さんという燻製職人が一人で作っているのですが、どうしてあれだけ脂の多い鯖をこれほどうまくスモークできるのか驚かされます。鯖の燻製は、おそらく安倍さんしかできないのではないでしょうか。食べた人が「スモークサーモンよりもはるかにうまい」と、喜んでくれます。だから安倍さんの〝サバスモーク〟は、よく売れています。

私が最も感動するのは、安倍さんがスモークした鯖をサーモンナイフで一枚一枚丁寧にスライスしているところです。普通ちょっと凍らせてスライサーで切れば一定の厚みにカットできます。ところが安倍さんはどのぐらいの厚さにしようとか、この脂ののり具合ならこの厚さがいいかもしれないとか、そんなことを考えながら手でスライスしている。だからこそ安倍さんの鯖の燻製はうまいのではないか、と常々思っています。

水カレイ一夜干し

［島根］

その日に揚がった魚を使った、
山陰海岸自慢の味
420円（1尾）

出雲大社で知られる島根の大社町に「渡辺水産」という干物屋さんがあります。そこではその日に漁に出て、その日にあがった近海もののササガレイやエテガレイ、ミズガレイなどを干物に加工しています。

友人に真鍋芳生という陶芸家がいるのですが、彼が島根で陶芸を教えていました。そこで知り合った渡辺水産の社長夫人に干物をもらったのが縁で、7年前渡辺社長が水カレイの干物をもって来ました。さっそく焼いて食べてみたら、骨もやわらかく縁側も食べられる。これほどうまいカレイの干物は食べたことがなかったので、すぐに扱わせてもらうことにしました。

ところが、岡山には干物を食べる習慣があまりありません。魚は刺身が一番だし、干物なんて鮮度が落ちた魚を加工するものだとしか思っていないので、扱いはじめた当初はまったく売れませんでした。4年前、脂っこいものが苦手だという人が水カレイの一夜干しを買って帰りました。すると「平翠軒の干物は鮮度がよくてうまいじゃないか」という評判が立ち、少しずつ人気が出てきました。今ではしっかり固定客がついています。

酒宝　あかひら

［岡山］

瀬戸内産サワラの腹子で作る、野趣なカラスミ
１８９０円（１００g）

カラスミといえば、ボラの腹子を干したものと相場が決まっています。でも江戸時代は、サワラのカラスミが盛んに食べられていたことが、江戸中期に刊行された『本朝食鑑』に書かれているそうです。サワラは大量にとれることはあまりありませんが、ボラは群れで移動しているので大量にとれる。そのため、いつしかカラスミといえばボラをさすようになったようです。

もう亡くなられましたが、松山の今井さんというおじいさんがサワラのカラスミ作りの名人でした。知人の紹介で今井さんにお目にかかり、作り方を教えてもらいました。私が今井さんから受け継いだサワラのカラスミは、〝鰆《さわら》の火取り腹子〟の名前で平翠軒のオリジナル酒肴として販売しています。今井さんのレシピをさらに発展させたものが、〝酒宝あかひら〟です。

岡山ではサワラは、祭り魚と呼ばれるほど人気があります。しかし、腹子を食べる習慣がなく、サワラをおろした時に出る腹子は魚屋のご主人が煮つけにして酒の肴にするとか、魚屋の賄いとして食べられていました。うちでは、魚屋にお願いしてサワラの腹子を分けてもらっています。

ピンセットで血管を取り除いた腹子を塩水に1時間ぐらいつけてから、10日間ほど乾燥させます。これが今井さんから伝授されたサワラのカラスミの作り方です。薄く切って焼いて食べるのですが、ワイルドで野趣があり、ボラのカラスミよりもはるかにうまい。

このカラスミをさらに酒粕に漬けたものが、酒宝あかひらです。今井さんから習った鰆の火取り腹子をさらに一歩進めたものができないだろうかと長年考えていましたが、身近にある酒粕を使ってみることにしました。試作を繰り返し、昨年の春ようやく満足のいくものが完成しました。最も難しかったのが、腹子を漬け込む酒粕の熟成度でした。

酒粕というのはみなさんもご存じのように、熟成したもろみをしぼった残り粕です。冬の間ほぼ毎日もろみをしぼっているので酒粕が出る。これをタンクに入れて6月中旬まで寝かせたものが漬物用の粕になります。あかひらには完全に熟成した酒粕ではなく、5月の終わりぐらいのまだちょっと熟成には早い酒粕が適しています。熟成した酒粕だと粕の味が濃すぎて腹子のよさが消えてしまいます。しかも純米酒の酒粕でないと使えません。まだそれほど熟成していない酒粕に、一つひとつガーゼで包んだ腹子を漬け込みます。10日間ほど経つと、腹子の塩がぬけて、酒粕の甘みと芳醇な香りをまといます。しかも酒粕の水分を吸収しているのでカラスミの状態と異なり、全体的にしっとりとしてきます。

薄く切ってそのまま食べてもいいし、軽くあぶって食べてもうまい。スライスした厚みによっても味が異なります。少し苦味がありますが、これがまた野生のもつ特質ではないでしょうか。日本酒党にとっては、またとない逸品だと思います。下戸の人は少し厚めに切って軽くあぶり、お茶漬けにすると、これがまたうまくて食がすすみます。

あるいは薄くスライスしたものをオリーブ・オイルで軽くソテーしてパスタとからめ、その上にボラで作ったボッタルガ（イタリア産のカラスミ）をすりおろして食べてみてください。ちょっと贅沢な日本とイタリアのカラスミの共演も酒宝あかひらの食べ方としておすすめです。

魚谷清兵衛の熟成うに

［神奈川］

塩でしっかりと熟成させた、
カラスミのような赤い宝石

３９９０円（35g）

店で扱う商品のほとんどは、作り手から製法を聞いて知っています。でも中にはあえて知りたくないものもある。知ると想像する愉しみがなくなってしまうので、謎のままにしておきたい。桐箱に入った赤い宝石のような〝魚谷清兵衛の熟成うに〟は、まさにその典型的な例です。

備前の陶芸家でもある魚谷清兵衛さんは、干物やイカの塩辛も作っていますが、中でもこの雲丹はいちばん優秀です。どうやって作ったのか想像を絶する仕上がりです。雲丹《うに》というより、しっかりと熟成させたカラスミに近い。雲丹はアルコールか、塩に漬け込む方法がありますが、どちらも雲丹を寝かせて熟成させなければおいしくなりません。魚谷さんの雲丹はたぶん塩をふり、少なくとも1年以上寝かせているはずです。だからこそ、パルマのプロシュットやスペインのハモン・セラーノのようにしっかりと熟成しています。

魚谷さんは兵庫の城崎出身なので、きっと日本海の雲丹を使っているはずです。でもどうやると雲丹がカラスミのようになるのかまったくわからない。それ以上知りたいと思いませんが、出来のよさは、ものが証明しています。

ベカの酒びたし

［岡山］

金沢の板前に伝授された、平翠軒のオリジナル

892円（100g）

ベカというのは、瀬戸内でとれる体長10センチほどの小さなイカのことです。このベカを酒と醤油、味醂で作ったたれに漬け込んだものが〝ベカの酒びたし〟で、創業当初からある平翠軒のオリジナル・ブランドです。金沢の料亭にいた知り合いの板前が私が店をはじめるのを知り、「作り方をプレゼントします」といってレシピを教えてくれました。

ベカは小豆島の漁師にとってもらっています。そのとり方も底引き網と海面を網でひいてとる方法があり、底引きでとったものはベカが泥をすってしまうので使えません。海面を泳いでいるベカだけを納めてもらっています。

まだ生きているベカを酒が入った樽の中で何度も洗います。そのたびに酒を捨てて、また新しい酒を入れる。それを5回ほど繰り返す。まだベカは生きているので腹の中にどんどん酒が入っていく。ごみや表面のぬめりがとれたところでベカをたれに漬け込み、すぐに冷凍します。

内臓いっぱいに酒をはらんでいるので噛んだ瞬間、酒が口の中でとびちります。下戸は絶対に食べられませんが、酒飲みは癖になるうまさです。

あけがらし

［山形］

醤油屋に受け継がれてきた、
秘伝のもろみ
714円（140g）

江戸中期から続く「山一醤油製造場」という山形の醤油屋さんに伝わる家伝のもろみです。作り方は一代にひとり、それも長男の嫁だけに受け継がれている秘伝の味で、米麹と辛子、麻の実、醤油、三温糖だけで作ります。

〝あけがらし〟は今、調味料としてプロが注目しています。プロが使える値段だし、それほど大量に使うものでもないので、これからもっと業務用に使われていくことでしょう。冷蔵庫のない時代から食べられているものなので、安心して使えるのも魅力です。

そのまま酒の肴にしたり、ご飯や焼き魚にのせて食べてもいい。生野菜のスティックにつけて食べたり、おひたしなどの和え物にもよくあいます。あるいは鯵のたたきに使ってもおいしい。細切りにした鯵にあけがらしを和えて食べてみてください。しかし、なんといってもフグがいちばんあう。

トラフグでもサバフグでもいいのですが、ぶつ切りにしたフグにあけがらしと浅葱《あさつき》を入れて和えて食べる。薄く切るとあけがらしの味に負けてしまうので、厚めに切るのがコツです。

かきの塩辛

〔広島〕

海のミルクを発酵させた、
至福の酒の肴
735円（50g）

私が知る限り、日本で〝かきの塩辛〟を作っているのは2軒だけではないでしょうか。1軒は三重の鳥羽にあり、一度工場を見学したことがありますが、眼をつぶりたくなるぐらいしょっぱくて、とても普通の人では食べられないような塩辛でした。もう1軒は広島で牡蠣《かき》の養殖をいとなむ「かなわ」が作っていて、うちではここの塩辛を扱っています。

かなわでは、2年ものの新鮮な牡蠣にふり塩をして塩辛に加工しています。その後、何回かにわけて塩を加え、3年間常温で牡蠣をゆっくりと熟成させる。暑くなる前に牡蠣を仕込み、しっかりと発酵させるのがうまい牡蠣の塩辛を作るコツなのだそうです。しかも毎日かき混ぜることによって、空気中の微生物の働きで、牡蠣が発酵します。やがて肝などが溶け出し、生の牡蠣とはひと味もふた味も違う珍味になる。

しかし塩分が強いので、とてもこのままでは食べられません。かなわでは最後に、酒で塩を洗い流したものを瓶に詰めて出荷しています。だからとても食べやすく、どちらかというと、このわたのような感じの塩辛です。

鯛の塩辛

［福岡］

天然物の内臓を包丁でたたいて作る、食感が持ち味

525円（85g）

博多の柳橋連合市場にある「杉本鮮魚店」のご主人が、天然鯛の内臓で作る〝鯛の塩辛〟です。いろいろな塩辛がありますが、鯛の塩辛はかなり珍しいと思います。杉本鮮魚店では，鯛を3枚におろし、切り身にして販売しているので、肝や胃袋などの内臓が残る。これを包丁でたたくようにして切ったものに塩、味醂、酒を加えて2週間寝かせて作ります。なめらかな歯ごたえの中に胃袋の粒々が残っている。なめるようにして食べていると、時々粒々が舌を刺激します。他の塩辛にはない食感が持ち味です。

じつに強烈な個性をもった塩辛ですが、養殖ものではなく、天然鯛しか使っていないので熱狂的なファンがいます。うちが取引しているある銀行の支店長は、五つも六つも買って帰る。何にするのか、と聞くと「酒の肴にするんです」といって笑って帰っていきます。

杉本鮮魚店では、天然鯛がうまい12月から3月頃までしか鯛を扱わないので鯛の塩辛も期間限定です。うちではできると送ってもらい、それを小瓶に詰めて冷凍しているので年間を通して販売しています。

至福のひと時をこんな
ジュースやお茶と
共に楽しみたい

献上加賀棒茶

［石川］

一番摘みの上質な茎で作る、芳醇な香りのほうじ茶

1260円（100g）

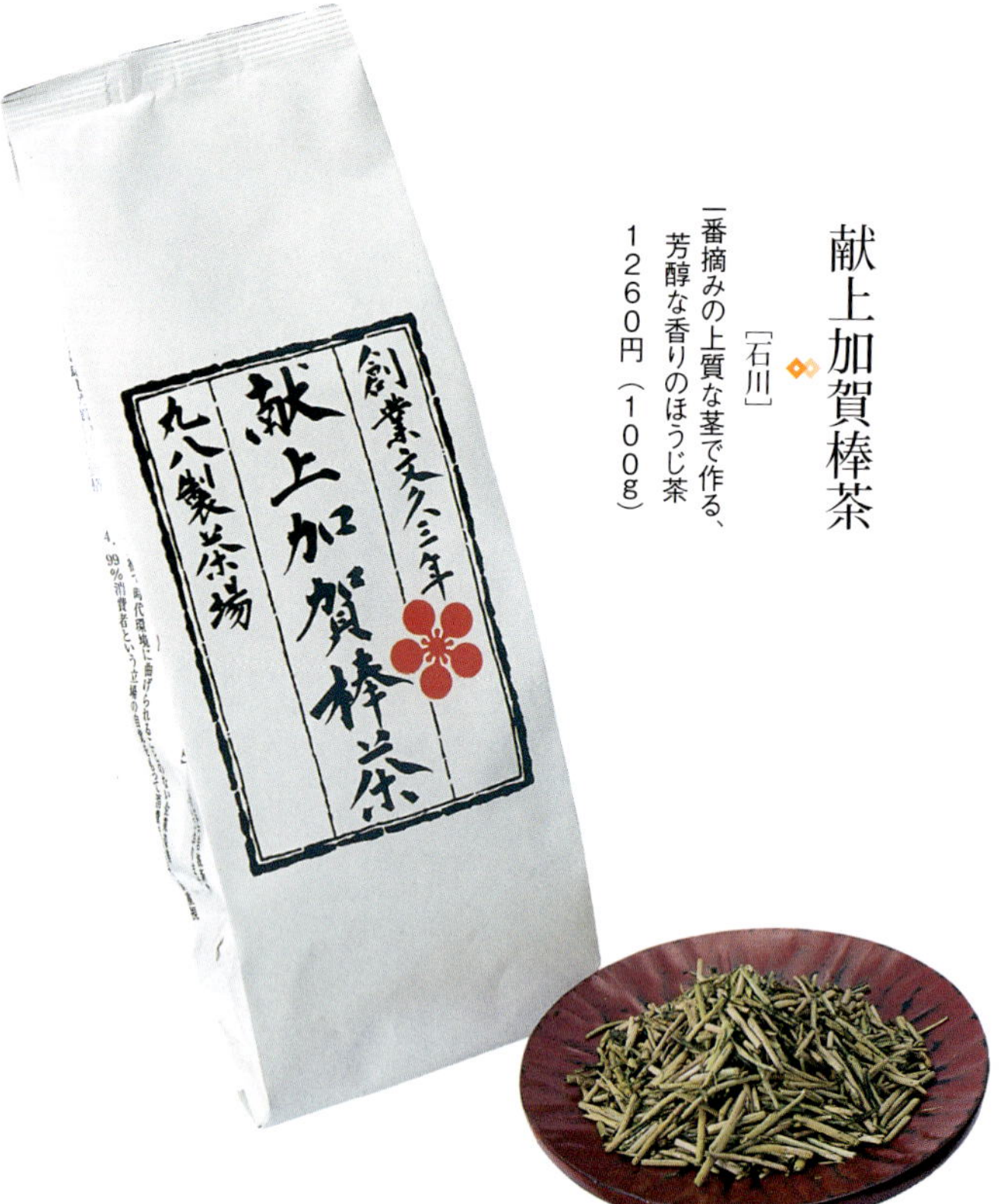

平翠軒をはじめる4年前、つまり私が45歳の頃、金沢の「浅田屋」という老舗旅館でこのお茶と出会いました。それまでこれほど透明感があり、すがすがしい香りのお茶を飲んだことはありませんでした。この仕事をやろうと思った時、どうしても金沢で飲んだあのお茶を扱いたい。そう思い、浅田屋さんにお願いして、製造元の「丸八製茶場」を紹介してもらうことができました。おそらく、私だけの力では扱うことができなかったのではないかと思っています。

〝献上加賀棒茶〟は一番摘み茶の上質の茎だけを浅く炒りあげた〝ほうじ茶〟です。1煎目もおいしいのですが、このお茶の真価がわかるのは2煎目です。2煎目のほうが茎の芯から香りが出てくるのでさらにうまい。味としては茎よりも葉っぱのほうがおいしいのですが、私は味よりも香りをとりました。

今、人工的に色や香りをつけたまやかしもののお茶が出回っています。でもお茶好きが飲めばすぐに本物はわかります。「このお茶を飲んだら、もう他のものは飲めません」という人が多く、嬉しい限りです。

完熟トマト果汁 [北海道]

太陽の味・生命の水という名の、
「フルーツ・ジュース」
787円（500㎖）

うちの店にお見えになる食べ物好きなお客様から、いつもいろいろと指南を受けています。この〝完熟トマト果汁〟もそのひとつです。以前から北海道和寒《わっさむ》産のトマト・ジュースを扱っていましたが、ある人から「トマトの香りがちょっときつい。私が飲んでいるものを紹介するから、そっちを扱ってくれないか」と教えられ、すぐに取り寄せてみました。

飲んでみると、これがトマトか、というぐらいマイルドで癖も酸味もなく甘い。トマト・ジュースというよりもまるでフルーツ・ジュースのような味わいです。販売している「北海道トマト・ジュース販売」によれば、北海道下川町の契約農家が有機肥料だけで育てた露地栽培のもも太郎トマトに、ミネラル分が豊富な沖縄産の天然海塩だけを加えて作っているそうです。

うちではまだ扱いはじめたばかりですが、東京の恵比寿にあった「タイユバン・ロブション」では、以前このトマト・ジュースをメニューに載せていました。ちなみにラベルに書かれている〝ラ・グゥ・ディ・ソレイユ・オードゥ・ヴィ〟というフランス語は、〝太陽の味・生命の水〟という意味です。

夏みかん天然ジュース

［岡山］

瀬戸内の潮風が育てた、
爽やかな飲み心地

525円（500㎖）

釣りが好きで20年以上、瀬戸内に通っています。10年ほど前の春先、伯方島を通った時、夏みかんの大木を農家の人が何本も切り倒していました。なぜ切っているのか聞いてみると、「売れないから甘夏にかえるんだ」というのです。みかんの木も島の風景になっていると思っていたので、切ってしまうのはかわいそうだ。夏みかんをジュースにできれば切られないですむかもしれない。しぼってうちに送ってくれないか、と頼みました。

とはいえ、夏みかんをどうやってジュースに加工するのかわかりません。あれこれ考え、三温糖だけを少し加え、あえて苦味を残したジュースにしてみました。あまり期待していませんでしたが、ナチュラルな飲み心地が受けたのか、男女問わず大勢のファンがつきました。酒の後に飲むと二日酔いしないという人もいれば、疲れた時に飲むという人もいます。

柑橘類は潮風に当たらないとおいしくなりません。私は伯方島産のこのジュースに、〝潮風が育てた夏みかん天然ジュース〟という名前をつけました。爽やかな苦味が日の光と潮風を感じさせてくれると思います。

葡萄果汁

［山梨］

楽しみながら飲みたい、ちょっと贅沢な味

1029円（720㎖）

山梨にある「勝沼醸造」というワイナリーが作る、ぶどう果汁100％のジュースです。白い瓶はマスカット、赤い瓶はベリーAというぶどう品種を圧搾し、そのまま瓶に詰めました。普通のぶどうをしぼっただけで、どうしてこれほど深いコクの果汁が出るのか不思議でなりません。

ジュースには2種類あると私は思っています。のどが渇いた時に飲むタイプと、楽しみながら飲むタイプです。〝葡萄果汁〟は後者で、あわただしい平日の朝食に飲むのではなく、休日のブランチにゆっくりと楽しみながら飲む大人のためのちょっと贅沢な果汁だ、と私は位置づけています。アルコールが飲めない人は、ワインのかわりに葡萄果汁を楽しんでください。

ジュースの中にも何かで薄めたようなものもあります。しかし、薄めると成分も薄くなるので加糖したり、色を保つためにビタミンCを添加しなければなりません。でもそうすることで、ぶどうの輪郭が次第にぼやけていく。ところが葡萄果汁は、ボトルの中にぶどうが存在します。たまたま房の形をしていませんが、液体のぶどうが瓶に詰まっています。

ペルー産珈琲豆

［静岡］

とれたての春の山菜のような、
爽やかな苦味が特徴
1260円（200g）

静岡県藤枝市役所の近くに「コーヒーの苑」というコーヒー・ショップがあります。〝ペルー産珈琲豆〟はその店の中山孝さんというご主人が、ペルー産オーガニック・コーヒーの生豆を自家焙煎したものです。

苑は13年前、藤枝にいる勝見幸雄という家具職人の友人が案内してくれました。自家焙煎した世界中の珈琲豆の中から、私は珍しいペルー産のコーヒーを注文しました。ペルー産ははじめてでしたが、とれたての春の山菜を食べた時のような爽やかな苦味が印象的でした。その場ですぐに交渉しましたが、「供給できるほど作れない」と断わられた。後日、わけてもらえる分だけでもかまいません、と再度お願いしたら、「じゃあ、できた分だけでも」ということで送ってもらえることになりました。

毎回5キロ届くのですが、中山さんが丁寧に選別しているので、どれもみな粒がそろっています。しかも焙煎が濃く、それは見事な琥珀色です。5キロの生豆を9回にわけて小さな釜で焙煎しているので、大量焙煎とは微妙に味が異なる。この豆は平翠軒の2階にある喫茶コーナーでも使っています。

五月紅茶

［静岡］

オーガニックで育てた、
国産ティーの優等生
945円（100g）

うちの商品は私が「いいなぁ」と思っている人の紹介で扱いはじめるものが多い。あの人が推薦してくれるものなら信用できる、という感覚が私にあるからです。この紅茶は〝ペルー産珈琲豆〟をわけてもらっている中山孝さんが8年前に送ってくれたもので、静岡の藤枝にある「水車むら農園」が山間部に点在する茶畑で有機無農薬で大切に育てた紅茶です。

水車むら農園では、日本でもっとも飲まれているアッサムやダージリンとよく似た品種の〝べにひかりや〟〝べにふうき〟をブレンドした製品も扱っていますが、この〝五月紅茶〟は緑茶用のやぶきた種を主体に作っているので、味が非常にやわらかくて、やさしい味をしています。私ぐらいの世代の人にはなじみやすい味なので、うちでは五月紅茶だけを扱っています。

五月紅茶は水車むら農園の臼井太樹さんという厳格な人が、手できっちりと発酵させて仕上げている国産紅茶なので、味にゆらぎがなく、狂いがありません。だからいつも同じ品質のものを作ることができる。ただ、人気があるため時々欠品してしまうのが、目下私のいちばんの悩みです。

至福のジャムやバター…。主役を張れる脇役達

鉄炮塚精四朗のジャム

［茨城］

無農薬、無添加の果物で作る、
昔ながらの正当派

1050円（225g）

鉄炮塚精四朗さんは自家農園で丹精込めて露地栽培した、無農薬の草苺を使った〝草苺ジャム〟を息子さんと二人で作っています。草苺というのは苺の原種で、岡山あたりではヘビイチゴと呼んでいますが、粒が小さくて酸味が強く、普通に出回っている苺にはない力強さをもっています。

柚子のマーマレードでいいものに出会うことはほとんどありません。柚子は苦味や酸味が非常に強く、それをマーマレードにするとアクの嫌な味が残るからです。ところが、鉄炮塚さんは柚子の嫌な味をいっさい残さず、しかも柚子本来のうま味を存分にひき出しています。まことに見事です。

とても鉄炮塚さんのレベルには及びませんが、私もイチジクのジャムを作っているのでわかるのですが、ジャム作りは気が遠くなるぐらいつらい仕事です。焦げつかないように弱火で煮ながら、たえずへらでかきまぜ、アクを取り除かなければいけません。おそらく鉄炮塚さんは長年の経験から、どの程度の火加減で、どのぐらい煮ればいいのか体でわかっているはずです。このジャムは、鉄炮塚さんの人柄そのままの真面目な味がします。

町村《まちむら》バター

［北海道］

自社牧場でとれた牛乳で作る、
北海道屈指の乳製品

１２６０円（２００g）

日本では無発酵バターが一般的ですが、これは北海道江別《えべつ》の「町村農場」が自分の牧場でとれた牛乳で作ったクリームを、「チャーン」と呼ばれるかくはん機で発酵させて作った発酵バターです。昔、吉田牧場の吉田全作さん（56ページ）が牛乳を入れた容器を2時間ぐらい手でふって、かくはんする自家用バターを作っていました。私がやらせてもらったら5分で根をあげてしまいましたが、かくはん機で作る吉田さんのバターはすさまじかった。そんな経験もあったのでチャーンで作るバターを長年探していました。

7年前、町村農場を取材したテレビ番組を見ました。四角いステンレスのチャーンが回るごとに上からバターがどったと落ちる。それを際限なく繰り返していく。そして、見守っていた職人がある瞬間機械を止める。その見極めがじつに難しそうでした。それまでよそのバターを売っていましたが、チャーンで作っているのを見て、すぐに扱わせてもらうことにしました。

今では毎朝トーストに〝町村バター〟をぬって食べています。北海道のバターはいくつも食べましたが、これにまさるものはありません。

ビバ・ガーリック

［広島］

和洋中、守備範囲が広い、万能調味料

1627円（300g）

知人のパーティに出席した時のことです。会場に入った瞬間、部屋中にニンニクの芳烈な香りがたち込めていました。見ると、知人が切ったフランスパンに〝ビバ・ガーリック〟をのせ、オーブン・トースターで焼いています。そのニンニクの香りが、パーティ会場中にあふれていたのです。

ビバ・ガーリックは、「大輪」という女性だけの小さな会社が作るガーリック・オイルです。代表の息子さんが広島でイタリア料理屋を経営していて、店の定休日に厨房で作っています。ミキサーで刻んだ青森県常盤村産のニンニクをエキストラ・ヴァージンオイルが入った鍋で2時間かけて炊く。するとオリーブオイルにニンニクの香りがうつり、とても素晴らしい調味料が完成します。中華などの炒め物や、鳥のから揚げの下味、カレーの味付け、ドレッシングなどにこれほど使い勝手がよい調味料は他にありません。

ニンニクは食後のにおいが気になりますが、ビバ・ガーリックは完全に火を通してあるので、食べた後にニンニクのにおいがほとんど残りません。だから、においを気にせずにお使いいただけます。

リエット ル・マン スペシャリテ

［岐阜］

バケットにつけて食べたい、
ル・マン名物の珍味

1102円（100g／1カップ1500円前後）

リエットというのはパンにそえて食べる、豚肉で作るコンビーフのようなものです。飛騨にある「キュルノンチュエ」の山岡準二さんは、鹿児島産黒豚のバラ肉をブイヨンで何時間も煮込み、さらに手でほぐして繊維状にしたものに、香辛料や塩を入れて味つけしたリエットを販売しています。山岡さんの〝リエット　ル・マン　スペシャリテ〟のいちばんの特徴は、手切りにした豚の背脂がごろごろと入っているところにあると私は思っています。大粒の背脂が口の中で飛び散る食感がこたえられません。

私の知り合いに「ミスター　ル・マン」と呼ばれる、寺田陽次郎というレーサーがいます。「いつまで走れるかわからないけれど、とにかく走る」といい続け、昭和49年以来、毎年ル・マン24時間レースに参戦しています。寺田さんにリエットを知っているかどうか聞いてみました。

「もちろん知ってますよ。リエットはル・マンの名物です。ル・マンに行ったらリエットを食べるのが何よりの楽しみです」

「飛騨で作っているリエットがあるので食べてみてください」

「日本にリエットがあるのですか？」

さっそく寺田さんに山岡さんが作ったリエットを送ったところ、数日後電話があり、「大変上品なリエットでした」といっていました。

山岡さんは自動車好きなので、寺田さんのことをよく知っていたようです。寺田さんの話をしたら、とても喜んでくれました。

それからしばらくすると、山岡さんが突如リエットのレシピを変えてしまいました。都内の高級スーパーにもリエットを卸しているのですが、脂が嫌がられるので、背脂を溶かして入れることにしたという連絡がありました。

「森田さんは背脂が好きかもしれませんが、背脂がごろごろと入っているのがわかると敬遠されやすい。だから溶かした脂を入れて、全体になじませるようにしました」

大粒の背脂がなくなったのはとても残念でした。でも脂をそのまま入れるよりも溶かして入れたほうが味が全体に回るので前よりもおいしくなるかもしれない、と半ば期待していました。

そんな矢先、また山岡さんから連絡がありました。

「平翠軒用に背脂を入れたものを作ることとしました。森田さんは背脂がごろごろ入っているほうがお好きなようなので、平翠軒バージョンをぜひ作らせていただきます」

たぶん山岡さんも背油が入っているほうを好んでいたはずです。だから私が背油入りのほうが好きなのを知り、わが意を得たりと思い、レシピを元に戻したのではないでしょうか。

それから1カ月後、寺田さんがル・マンで買ってきたリエットを1個プレゼントしてくれました。ル・マンのなじみのホテルマンが教えてくれた小さな肉屋のリエットなのだそうですが、荒々しく、いかにも農民が好んで食べそうな味でした。

一方、山岡さんのリエットはより都会的に洗練されていて、これはこれで充分うまい。ただ平翠軒バージョンのリエットには、背脂がごろごろ入っているので、やや野趣にとんでいるように思えます。

甘いだけじゃない、大人のデザートも各地から

萬年雪　吟醸酒ケーキ

［岡山］

和菓子屋とコラボレートした、
芳醇な香りの洋菓子
1575円（450g）

ブランデー・ケーキがお好きな人は多いのではないでしょうか。この〝萬年雪 吟醸酒ケーキ〟は創業当初からある平翠軒のプライベート・ブランド商品の一つで、日本酒を使ってブランデー・ケーキのようなしっとりとした甘い香りのお菓子ができないだろうか、と考えて商品化しました。さすがにうちではケーキを焼けないので、倉敷の和菓子屋さんに「森田酒造」の吟醸酒を提供して作ってもらっています。

市井のケーキ屋でも、酒ケーキを市販しているところがありますが、コストを考えるとあまり大量の酒を使えません。でもうちは本業が造り酒屋ということもあり、惜しげもなく吟醸酒を使うことができます。

小麦や卵の中に酒を入れて焼くのではなく、焼き上がったパウンドケーキを吟醸酒に漬け込むことで、吟醸酒の芳醇な香りをたっぷりとふくませました。しっかりと煮切った吟醸酒を使っているので、子供でも安心して食べられます。酒を使っているので賞味期限は20日間です。ケーキの割に日持ちするので、お土産としても人気があります。

ドモーリのチョコレート

［イタリア］

カカオそのものの香りを楽しむ、
ビターなスイーツ

714円（50g）、525円（25g／ポルチェラーナ）

「ドモーリ」はイタリアのジェノバにあるチョコレート・メーカーで、稀少価値の高いベネズエラ産のアロマティック・カカオを自家焙煎したチョコレートを作っています。日本人が思い描くチョコレートと異なり、カカオバター以外の乳脂肪を使用していないので、まったく甘くありません。カカオそのものの香りを楽しむためのビターな大人の味です。お菓子というよりもむしろブランデーやウイスキーを嗜む時のアテだ、と私は理解しています。

いろいろなタイプのチョコレートが日本に輸入されていますが、うちでは〝ブレンドNO・1〟、〝バリック〟、〝ポルチェラーナ〟の3種類を扱っています。中でもとくに優秀なのが、75％のカカオに胡椒などのスパイスを加えたバリックです。バリックは「小樽」という意味で、ワインを樽で熟成させて木の香りをつけるように、カカオにスパイスの香りを加えていることからこの名がつけられました。食べた後、胡椒のいい香りが口の中に残ります。ドモーリのチョコレートを食べると、ヨーロッパのチョコレート文化の深遠さを垣間見ることができます。

夏みかんスライス

［山口］

1個から2枚しかとれない、
極上の甘露煮
2000円（580g）

山口の萩にある「柚子屋本店」というポン酢メーカーが作る、夏みかんの甘露煮です。ポン酢の原料になる夏みかんを切る時、果実と果皮の間にある部分をスライスします。これをグラニュー糖を入れた鍋で1時間半かけてじっくり炊いたものが、〝夏みかんスライス〟です。1個の夏みかんから2枚しかとれない素材を手間ひまかけて作っているので、とても高い。瓶だけをながめてもどんなものかまったく想像できないので、私が説明しなければまず売れません。

ところが一度食べると必ず病みつきになる。パンにのせて食べたり、紅茶に1枚入れて飲んでみてください。素晴らしい紅茶になります。あるいは、バター・ケーキにのせて焼いてみてもいいでしょう。残ったシロップはレモネードにして飲んだり、クレープの生地にいれて焼くと香りの高いクレープ・シュゼットができあがります。焼酎に入れて飲んでもおいしいです。

ポン酢を作る時期でないと作れないし、またそれほどたくさん作れるものでもないのでよく欠品します。あればファンが見つけて買っていきます。

枝つき干しぶどう

［アメリカ］

貴腐ワインの発想で作った、大人のためのデザート

４２０円（１１０g）

ボルドーやロワールで、貴腐ワインという甘口のワインが作られています。ぶどうを枝に実ったまま熟成させると皮にカビ菌がつき、水分が蒸発します。このぶどうで作ったのが、貴腐ワインです。〝枝つき干しぶどう〟は、貴腐ワインと同じ発想で作ったカリフォルニア産のドライ・フルーツです。

ぶどうを枝つきのまま幹から裁断し、カリフォルニアの強い日差しで天日干しにすることで水分が減り、相対的に糖度があがる。普通の干しぶどうよりも若干水分が残っていますが、甘みと風味がよいのが特徴です。たしかに枝がついていると食べにくいのですが、大地に生えていた時の姿がわかるし、なによりも洒落たデザートになるところが気に入っています。

岡山に友人がいとなむぶどう園があり、そこに特殊な乾燥機があったので枝つき干しぶどうを作ってもらったことがあります。しかし、どうやっても同じようなものができません。皮がめちゃくちゃかたくて、噛みしめないと皮を食べることができませんでした。このカリフォルニア産の枝つき干しぶどうは、なぜこれほど皮がやわらかいのかとても不思議です。

柿日和

［奈良］

料理屋がデザートに愛用する、無添加のドライ・フルーツ

472円（80g）

皮をむいた奈良産の富有柿《ふゆう》を1センチにスライスして、長時間乾燥させて作ったのが、〝柿日和〟です。ドライ・フルーツはいつでも食べられるし、ビタミンや繊維質が豊富なところが魅力ですが、近年は形や色を保つためにいろいろな添加物を使ったものが出回っています。それが嫌で私はドライ・フルーツをほとんど扱っていないのですが、この柿日和は無添加なので、安心して食べられるところが気に入っています。

むろんそのままかじって食べてもいいのですが、小料理屋や割烹の中には柿日和を料理に使っているところもあります。酒を飲んだり、料理を食べた最後に甘いものが欲しくなる。いつも季節のフルーツばかり出していたのでは飽きられてしまう。隠し玉として、柿のドライ・フルーツに衣をつけて揚げた天ぷらをデザートに出す。「これは何だろう?」、「柿のドライ・フルーツを揚げたものです」と種明かしをする。デザートは食事の最後に食べるものなので、一番頭に残ります。「この店はおもしろいことをするじゃないか」という印象を与えることができるというわけです。

宴の華

［東京］

花柳界で長年親しまれてきた、小粋で洒落た大人のお菓子

1102円（150g）

〝宴の華〟は花柳界の町として知られる、東京都台東区柳橋で、約半世紀続く「おいしい御進物逸品会」というお菓子屋さんの逸品です。女将さんや芸子さんがお客さんを訪問する時、ちょっと小粋で洒落たものを手土産にもっていく習慣があります。宴の華はもともとそうした粋筋の方々のためのもので、お菓子とはいえ子供が食べるものではなく、お茶うけとか、ちょっと口がさみしい時につまむ大人のための少し贅沢な食べ物です。

30種類のお菓子が入っていますが、すべて味が異なるので30通りの味が楽しめます。自分のところでは作っていませんが、腕の優れた職人の製品をそろえています。その選球眼がまことに素晴らしい。また季節により、若干商品構成をかえることで四季を演出しています。そういう意味でもじつに粋なお菓子といえるでしょう。

宴の華の中で最も私が気に入っているのは〝江戸あられ羽衣〟というかきもちです。向こうが透けて見えるぐらい薄く、口に入れるとさらさらととけていく。それはもう見事というしかありません。

食のパトロン、森田昭一郎

1

平翠軒を知ったのは6年前、初雪が降る紋別でのことだ。すきま風といっしょに雪も吹き込んでくるバラックのような燻製工房を取材中、燻製職人の安倍哲郎からその店の名前を聞いた。

「倉敷に行ったことがありますか？　うちの燻製は倉敷にある平翠軒で扱ってもらっています。森田酒造という酒蔵がやっている店で、全国のいろいろなうまいものを販売しています。おもしろいことをやっている店なので一度のぞいてみてください」

安倍が作る鯖やホタテの燻製にいっぺんで惚れ込んでしまった私は、安倍の燻製を扱っているという平翠軒にとても興味を覚えた。紋別の燻製職人がひとりでほそぼそと作っている燻製に、なぜ倉敷の人間が目をつけたのか不思議でならなかった。

それから5カ月後、早春の倉敷に平翠軒をたずねた。

土蔵のなまこ壁。石畳の路地。商家の格子戸。古い街並みが軒をつらねる美観地区と呼ばれる住宅街に目指す店があった。ほとんどの家が木造なのに、この店だけがクリーム色に塗られたモルタル作りの古い洋館だった。その隣が森田酒造だ。玄関先に大きな杉玉がつり下がっているので、ひと目で造り酒屋だとわかった。

平翠軒は間口が狭いわりに奥行きがあった。面積は29坪。駄菓子屋に毛の生えたような規模の店だが、お茶、缶詰、乳製品、お菓子、イタリア食材、食肉加工品など、生鮮食料品以外の食品が狭い店内にずらりと並べられている。

デパートの地下食料品売り場や都内の高級スーパーで見かける食材もあるが、見たことも聞いたこともない地方の小さなメーカーの製品がところせましとおかれていた。しかもすべての商品に「これはどこの誰がどんな風にして作ったもので、どうやって食べるとうまい」といった、作り手の顔が浮かんできそうな手書きの紙が添えられている。食べ物好きの人ならば、つい長居をしてしまう気持ちのよい店だった。

「商品数は600点ほどでしょうか。価格的には90円のヨーグルトから2000円台のものが主体です。売れないものばかりを集めているおかげで、女房から食べ物コレクターと呼ばれています」

これがその後4年間、幾度となく倉敷に足を運ぶことになった平翠軒の当主森田昭一郎との出会いだった。

食に興味がある私にとって、平翠軒はまるでおもちゃ箱のような店だった。扱い商品もこの4年間で800点近くに増え、おとずれるたびに新しい発見があるのも倉敷に足を向けるようになった理由の一つだ。しかし、私が最もひかれたのは食べ物ではなく、平翠軒の当主その人だった。

平翠軒の商品は、森田がメーカーと直接取引をしているものばかりだ。問屋が扱う商品は誰がどうやって作っているのかよくわからないという理由でいっさい問屋を介していない。魅力的な商品に出会うと、作り手に直接連絡して交渉する。この時ロット数も卸し値も支払条件もすべてメーカーの希望をのむ。商品はすべて買い取りなので、賞味期限が切れても返品はしない。賞味期限が切れた商品は森田がポケットマネーで買い取り、森田家の食卓にのぼる。

約800点ある扱い商品のうち、約180点が平翠軒のプライベートブランドだ。その中には市井の料理人が店の厨房で作った商品もあるが、メーカーと共同開発した〝焼肉のたれ〟や〝ミートソース〟のようなものもある。

これらは森田の後輩、石原信義がいとなむ「倉敷鉱泉」が生産している。こぎれいな鉄筋コンクリート製の工房には、小学校の給食室にあるような巨大な鍋と、やや小ぶりな寸胴鍋が一つずつ並んでいる。家庭用の包丁とまな板で切った玉ねぎ、ブラシで一つひとつ汚れを落とした生姜、このほか胡麻や韓国産の唐辛子などを寸胴鍋に入れて、焼肉のたれを作る。野菜パウダーや冷凍もののカット野菜をつかえば、コストを大幅に削減できるだけなく手間もかからなくなるはずだが、石原はそんなことは夢にも考えていない。

ミートソースにつかう5キロの和牛ひき肉は、大鍋でまとめて炒めるとダマになるという理由で、家庭用のフライパンで何回にもわけて炒める。炒め終えたところで大鍋にうつし、トマトピューレや野菜、赤ワインといっしょに炊く。

「一回一回フライパンで肉を炒めるなんてことは、本来プロがやるべきことではありません。ひと袋400円のものを100個ぐらい作っても商売になりません。そんな馬鹿馬鹿しいことをするプロはどこにもいません。でも、中には石原のように工夫をこらしながら必死に作る人もいる。これじゃあ儲からないんだけどと思いながら作っている。商品的にも決して満足していません。だれかにまずいといわれはしないか、いつも不安にかられています。だから一生懸命作る。私はそういう人が好きなんです」

倉敷鉱泉とはこれまでにいろいろなものを共同開発してきたが、最初に取りかかったのが、焼肉のたれだった。森田は後輩に「原価を考えず、とにかくうまいたれを作ってくれ」と要求をした。普通メーカーは価格を設定してから商品を開発するため、おのずとつかえる材料が決まってくる。ところが、「価格を気にするな」といわれた石原は、鮮度の高い野菜をつかうことでうまいたれを開発することができた。

「安くていい食べ物は絶対にありません。それは鉄則です。素材がよくなければいいものができるはずがない。そんなことは消費者もわかっています。ただあまりにも高価だと生活の中でつかえませんが、許容範囲内ならばある程度高くても許してくれます。少々高くてもいいものであることを納得してもらえれば、メーカーにとっても平翠軒にとってもお客様にとっても得なのではないでしょうか」

都内のスーパーをのぞくと、ラベルこそちがうが森田と石原が共同開発した焼肉のたれが並んでいる。焼肉のたれが平翠軒のプライベートブランドとして定着した後、森田は石原に石原鉱泉のオリジナル商品として販売しろと命じた。平翠軒で売れる数は限りがあるし、よそで売れれば石原鉱泉の売り上げが立つと考えたからだ。

森田には、メーカーのサポーターでありたいという思いが強い。商品ラベルを見て、メーカーに直接連絡して買ってもらってもかまわない。メーカーと消費者が直結するのがいちばん望ましいし、そうすればメーカーに直接マージンが入るのでよりよい商品を開発できると信じている。

倉敷の美観地区を歩く森田

プライベートブランドの中には、家庭の主婦が作った惣菜も多い。

「素人のなかには、プロが顔負けするようなものを作る人がいます。原価も関係ない。おまけに食品添加物の知識もないので、おいしくて安全なものを作ります。ただそれを商品化するノウハウがない。だから、私は鍋のままもっておいでというのです」

はじめて平翠軒をおとずれた時、倉敷に住む三人の主婦がつみたての土筆《つくし》で作った「土筆グラッセ」を売り込みにきた。森田はすぐにプライベートブランドで売ることにしたのだが、内心では絶対に売れないと読んでいた。

「確かにうまいが、誰が買うと思いますか。腹にたまるわけでもおかずになるわけでもない。社長がまた売れないものを引き取ったって、スタッフに怒られます」

では、なぜ売ることにしたのかと問いただしたところ、

「あれほど目を輝かせてものを作る人はいません。あの人たちはこれはきれいだし、おいしいわと思って一生懸命作ったはずです。その心を大切にしなければいけません。たとえ売れなくてもとてもよく売れましたと報告します。きっといつかあの人たちもいいものを作ってもってきてくれるでしょう。それには作りつづけてもらうことです。そのための先行投資です」

森田の読みはまったくはずれ、土筆グラッセは春先の定番になったのは嬉しい誤算だったが、先行投資を重んじたのは祖父の尚二も同じだった。森田家に出入りする骨董屋がよく二足三文の古道具をもってきたが、尚二は承知で引き取った。

「なぜそんなまがいものを買うのか」という孫の質問に、「いつかいいものをもってきてくれるから、期待を込めて払うんだ」と、尚二は真顔で

答えたという。

「植木職人でも大工でも、職人には先に金を払ってやれというのが祖父の教訓でした。そんな人だったので散歩しているといろいろな人に声をかけられたものです。

で、臨終の言葉が『いってくらぁ』。ほんと、かっこよかった。私も祖父の豪快さを受け継いでいたら、こんな店をやってはいなかったはずです」

しかし、尚二の話を聞けば聞くほど、森田との共通点が浮かび上がってくる。

尚二が倉敷という町の旦那だったのに対し、森田は食のパトロンなのである。ルネッサンスのパトロンが芸術家を理解し、手厚く支援したように、森田は食の職人を評価し、商品を扱うことで支援していると私は理解している。

森田が幼少の頃、森田家は10人の大家族だった。祖父は厳然たる家長として君臨していた。風呂の順番はもちろん、食卓も席が決まっており、祖父が箸をとらない限りだれひとり食事を食べはじめることができなかった。

「ひと言でも食事の文句でもいおうものなら、食事を取り上げられました。今、私が食べ物のことでがたがたいっているのは、その時の反動ではないでしょうか」

2

尚二は明治19年に岡山の鴨方町というところで生まれた。

24歳の時、森田家の婿養子としてお徳と結婚する。この頃、今の倉敷駅北口一体は森田村と呼ばれ、代々森田家が所有していた。尚二は小作料として入ってくる年貢米で酒を造りはじめた。明治42年のことだ。地主が酒蔵をはじめる例は地方に多く見られる。この時代、米は相場ではっていたため浮動が激しく、米に付加価値をつけて売るには酒造りがいちばんだった。

尚二と同世代を生きた人物に、大原美術館を創設した大原孫三郎（明治13年生まれ）がいる。モネやピカソといった西洋美術を代表する名画が大原美術館にあったおかげで、倉敷は戦火をまぬがれ、土蔵のなまこ壁、石畳の路地などの古い街並みが残った。

森田は尚二の長男脩一（明治43年生まれ）の長男として、昭和17年に生まれた。

江戸時代、天領だった倉敷では古い商家の子弟は東京で教育を受けさせてから呼び戻す風習があった。おかげで関西以西にもかかわらず、倉敷の味は関東風だ。おでんは正統派の関東炊きで、汁が真っ黒い。でも、なぜかうどんはさぬき系だ。

森田は地元の中学卒業後、慶應高校、慶應大学商学部に進学する。都内の学校に通っていた長女の芳子、次女の雅子といっしょに四谷の借家に住んだ。尚二はときどき上京すると孫たちを一流といわれる料理屋に連れ出した。なぜか和食屋には一度も連れていってもらえず、洋食屋に出かけることが多かった。尚二はよく儲け、大いに遊んだ。爪に火をともして暮らすようなことはするな、金はひとりでに残るものだ、使いながら残せというのが尚二の帝王学だった。

大学卒業後、森田は銀座の広告代理店に就職する。コピーライター志望だったが、6カ月の研修後、営業に回された。営業職が気にいらず、わずか8カ月で退職。

しぶしぶ家業を継ぐ決心をした三代目は、滝野川の醸造試験所に入学する。

醸造試験所は、大蔵省が酒蔵の子弟のためにつくった教育機関である。全国から集まってくる研究生とともに1年間勉強したのち、24歳の時、倉敷に帰った。

森田酒造の入り口にある土間には、全国新酒鑑評会で受賞した賞状が、何十枚もかけられている。

全国新酒鑑評会というのは、大蔵省醸造試験所が主催する酒のコンクールで、明治44年から毎年春に開催されている。森田酒造が受賞した賞状の大半は脩一がとったものだ。今でいう吟醸酒を造り、賞状をとることに脩一は情熱をそそいでいた。

昨今吟醸酒がごく当たり前に流通しているが、昭和30年後半まで吟醸酒は商品化されることはなかった。莫大な経費がかかる吟醸酒は、売り物というよりも酒屋の道楽だった。今年はどんな酒ができるか。その夢があればこそ杜氏も蔵人も、凍てつく寒さの中で何カ月も酒を造り続けることができた。

脩一も、夢にとりつかれたひとりだった。しかし、夢を売ったら、夢でなくなる。受賞した酒を脩一は、一級酒や二級酒にこっそりまぜて処分していた。

森田は父の賞狙いの酒造りに真っ向から反対した。

平翠軒の隣にある森田酒造

「賞をとったところで売り上げにはまったく貢献しない。そんなことに金を使うぐらいなら、広告を出したほうがはるかに効果がある」

広告屋の末席に名を連ねたことがある息子

は言いはなった。

今でこそ、父のように一度の夢を追い続けているが、当時の森田は、夢を見るよりも目の前の現実を直視していた。

「飲む人の意見を聞かなければ売れっこない」

「人のいうことを聞いて酒を造ってどうするんだ」

息子も父も、一歩もゆずらなかった。

ふたりの理想とする酒がまったく異なることも、ふたりが反目する原因だった。父はつつましげに咲く野の花のような酒が理想だった。息子はものをしゃべる酒が造りたかった。

親子の衝突は日増しに激しくなり、家庭は修羅場と化した。ふたりの間に立つ母、由喜子が脳溢血でたおれた。森田が30歳の頃のことだ。根気負けしたのか、脩一は森田が32歳の時、通帳と印鑑を息子に渡した。以後いっさい口出しをしなくなった。

三代目が経営を継いだ昭和49年、2年前のオイルショックの影響で酒の消費量が低迷していた。森田酒造も売り上げが落ち、いつ廃業してもおかしくない状況だった。

どうせやめるならおもしろいことをやってから蔵をたたんでも遅くはない。岡山は甘い酒が多いので、辛い酒を造ってみよう。若い当主は奮い立った。

酒のうまさは米のもつ甘みだ。甘みを排除すると酒の味がなくなっていくというのがこれまでの定説だった。辛い酒を造っても、うまみがなければおいしくない。それにはひと工夫しなければならない。

酒造りは「三段仕込み」という製法がとられることが多い。原料を一度に添加せず、「初添え」、「仲添え」、「留添え」の三段階に分けて仕込む方法で、4日間にわたって酒を仕込む。1日目の「初添え」で水、麹、蒸米、酵母をある一定の率で入れてまぜる。それを一日置くことで酵母が立ち上がり、麹が米をとかしはじめる。3日目の「仲添え」で三分の一の米を入れる。酵母と麹が米を食べて、よりいっそう発酵が行われる。その工程を「踊り」と称する。4日目の「留添え」で残りの米を入れ、20日間発酵させる。これが三段仕込みだ。

森田はこの工程を7回にわけることにした。7回という数字になんの理論も根拠もなかった。醸造試験所に相談したところ、「手間がかかるだけだ」と鼻で笑われた。杜氏からも「面倒だ」と切り捨てられた。どうせ売れはしないのだから、一本ぐらい遊んでみたところで誰にも気がねをする必要もない。

蒸し米を8日間にかけて7回にわけて投下した。常に酵母が餓える状態に保つことで残留糖の量が少なくなり、辛口の酒になると森田は読んだ。馬鹿馬鹿しいぐらい手間とひまがかかったが、辛くて底味のある酒ができた。この酒を『激辛』と命名した。燗をするとむちゃくちゃ辛くなるため、冷やして飲む、夏向けの酒として売り出した。岡山ではほとんど売れなかったが、東京では大いにもてはやされた。『激辛』の成功には、この頃出現したアンノン族も加担している。大勢の観

酒造りに励む杜氏、蔵人と

光客が『激辛』を土産に買って帰った。森田酒造は急死に一生をえた。

「酒は燗で飲むのが常識でした。そのため夏はまったく売れないと思われていました。それらをすべて否定し、新しい飲み方を提案したところに、『激辛』の斬新さがありました。冷蔵庫で冷やせるように900ミリリットル瓶にしたこともヒットした要因ではないでしょうか。辛口の酒でしたが、あっさりしていて酒らしくない。そうした特徴も時代に受け入れられたのだと思います」

47歳の頃、森田は酒蔵のタブーをやぶる『荒走り』を商品化した。荒走りは朝の5時から6時頃まで、圧搾の準備作業の段階でとれる少量の酒をさす。いまなお伝統的な酒造りを行っている森田酒造では、熟成したもろみを入れた酒袋を槽《ふね》と呼ばれる木製の細長い箱に並べてしぼっている。自重でしたたり落ちる、最初に出てくる白く濁った酒が「荒走り」だ。その後、機械で抽出する酒が「中汲み」。最後に出てくる酒が「責め」と呼ばれる。

全体の10％しかとれない荒走りを中汲みや責めとまぜ、その上澄みだけを抽出してろ過したものを売るのが酒蔵の常識だった。荒走りを酒蔵のまかないとして飲むことはあっても、それだけを売ることはなかった。

荒走りの販売には、さすがの脩一も黙っていなかった。酒造組合からも反対され、森田は村八分になった。ところが、『荒走り』は売れに売れた。

「ちょうどその頃、ナチュラル志向が受け入れられはじめたという時代背景もあるのかもしれません。畑のトマトをそのままかじるように、すっぴんの酒を飲む。こうした社会背景が味方したのではないでしょうか」

あれほど反目しあっていた脩一だったが、息子を認めはじめるようになっていった。晩年、長女の芳子に「あいつは俺にはできないことをやった」ともらしている。しかし、『荒走り』が売れたことに関しては、死ぬまで苦々しい顔をしていた。

「親父のやり方をそのまま継いでいたら、おそらく廃業していたでしょう。特殊な酒を造り、収益を上げることができたおかげで生き残ることができました。いつか私も親父のような考え方になると思います。それが年をとることの意味ではないでしょうか。もし私に子供がいて変な酒でも造ろうものなら、きっと勘当するはずです。

親父はヒット作こそ作りませんでしたが、ベースとなるいいものを残してくれました。今ふり返ると親父の生き方もいいなあと思えてなりません」

色とりどりのオリジナル・ラベル

3

『激辛』を醸し、酒蔵の再建に成功した三代目だったが、どこか満たされないものがあった。

酒造りは同じ仕事の繰り返しでなかなか納得のいくものができない。所詮酒を造るのは微生物であって、人間は環境をととのえているにすぎない。

42歳の森田は、ものを作る人間としての気力、感動、情熱を半ば失いかけていた。仕事をほったらかし、海釣りに出かける日が多くなった。そして仕事からの逃避行でおとずれた金沢の近江市場で「いなだ鰤《ぶり》」（102ページ）に出会った。

「ある店先にまるで流木のような、わけのわからないものが一本ぶら下がっていました。それがいなだ鰤です。店の主人に売ってくれと頼んでも『これは俺の酒の肴だ』と断られた。氷見（富山県）の漁師が作っていると教えられ、なんとか手に入れることができました」

東京では鰤の幼魚をいなだと呼んでいるが、森田が遭遇したいなだ鰤は、鰤を鰹節のように乾燥させたものだ。初冬能登の沖き合でとれた鰤に塩をして、半年以上軒先きにつるしておく。すると雪や雨風を受けるうちに魚と塩がなじみ、なんとも不思議な保存食になる。それが氷見の漁師からわけてもらった、いなだ鰤だった。

吉田健一の名著『私の食物誌』によれば、いなだ鰤（吉田はいなだと表記）は金沢城の兵糧の一部だった。年に一度あらたにできたのを納入するとそれまであった古いものが民間に払い下げられて、それを茶人などが手に入れて珍重していたという。

「漁師はいなだ鰤を包丁で削って食べるというので、さっそく家で食べてみました。ところが、うまくもなんともない。ただ噛んでいると塩と鰤の味がじんわりとにじんくる。海が時化て漁に出れない日、漁師は番屋に集まっていなだ鰤を肴に酒を飲むのでしょう。いなだ鰤には、能登の風土が詰まっているような気がしました」

いなだ鰤は自然が作ったものだ。人間は少しだけ手を貸したにすぎない。人間の小賢しい工夫をうけつける余地など微塵もない。酒造りと同じだった。

森田は蒙を啓《ひら》かれた。

今まで自分が酒を造っているという自負があ

った。こうすればこういう酒ができるはずだと頭で考えていた。しかし、酒もいなだ鰤と同じで自然を味方にしなければいいものは作れない。もう一度酒を造る気力がわいてきた。それと同時に風土に根づいた、いなだ鰤のような食い物を集めた店をやってみようと思った。

店をはじめるにあたり3年間食材を探した。

地元岡山のものを中心に扱おうと考えていたのだが、わずか数点しか集まらなかった。瀬戸内海に面した岡山は魚介類が新鮮なこともあり、優れた加工品が育つ土壌がなかった。魚は刺し身。干物や燻製を食べる食文化が岡山にはなかった。数点ではとても商売にならない。森田は全国に目を向けることにした。

まずはじめに半島を目指した。

「能登半島や紀伊半島、丹後半島、そうした半島には諸国から情報が入ってきても、その先が行き止まりなので情報が流出しません。そのため昔からの文化が今も原型をとどめていることが多い。それは食べ物にも色濃く反映しています」

能登半島で発見した食品の中に「巻鰤」や「干し口子《くちこ》」がある。半島ではないが、江戸時代、北前船の寄港地としてにぎわった広島県福山市鞆の浦では「小魚たたき味噌」と出会った。

食品を150点ほど集めることができた森田は、平成2年に平翠軒を開業した。

開店当時の写真を見ると、あまりにも貧弱な品ぞろえに驚かされる。よくこれで店をはじめたものだと呆れるぐらいである。実際3年間赤字が続いた。売れないのはアイテムが少ないからだと思い、森田はすぐに400点に増やした。

店で扱う商品はすべて森田が自分で探したものではない。取り引き先や知人の紹介で巡り会うことができたものが大半をしめる。たとえば、加工品作りには塩や醤油などの食材がかかせない。これぞと思う食材を作る職人を見つけたら、その人にまた別な職人を紹介してもらう。こうして森田は次々とルートを開拓していった。

特に京都の場合、仲間意識が強い反面、一見はまったく相手にされない。平翠軒の開業前、森田は森田酒造のひいき筋だった京都のある料亭の主人に「なかなかいい素材が集まらない」ともらした。「それなら」という料亭の主人のひと言で「へんこの胡麻油」を作っている山田製油を紹介してもらった。その後、山田製油社長の仲介で「黒七味」(84ページ)で知られる原了郭の社長と知り合うことができた。原了郭といえば、たとえ老舗デパートといえども新規取引がむずかしい京都の老舗である。森田は京都人の伝手で、京都の食材を扱うことを許された。

平翠軒の顧客も、大切な情報源だと森田はいう。「うちのような店で商品を一つひとつなめるように見ている人は、必ず情報をもっています。食に興味のある人から、情報を聞き出すのが私の仕事です。また、そういう人に話しかけて商品を買ってもらうのも、私の大切な仕事です」

情報を入手したら、現地に直接足を運ぶか、電話で口説く。はじめはまったく相手にされない。そこで「ごちそうの絵本」と題する平翠軒のカタログを送る。これを見るとまずどんな相手でもすぐに商品を送ってもらえる。

平翠軒をはじめる前に森田は、自分が理想とする店を何軒か見て歩いた。

その中にほとんどの商品を店のオリジナルパッケージに入れ替え、プライベート商品と称して売っている店があった。近くのスーパーや百貨店のバイヤーに商品をぬかれた苦い経験から、商品情報を隠すためにパッケージを入れ替えていたのだ。おかげで商品をぬかれる心配はなくなったが、大切なものをなくしてしまった。誰がどうやって作っているのか、作り手の顔がまったく見えなくなり、商品がものを語らなくなってしまったのである。

「うちもときどきデパートや高級スーパーのバイヤーが偵察に来て商品をぬいていきます。でも、それは覚悟の上です。ぬかれたらぬかれただけ商品を補充すればいいんです。どうせ私だってどこかで見つけてきたのだからお互い様です。ただし、大手のスーパーは大量仕入れができるのでうちよりも安く販売できます。顧客から『あんたのところよりもあっちのスーパーのほうが安い』といわれたら、その商品は引っ込めるしかありません」

森田の意志とは関係なく、終焉をむかえる商品もある。かつて天然ものの鮎の甘露煮を販売していたことがある。初老の職人がひとりで作っている仕事場では、ガス台が17台も並んでいた。それぞれ鍋がかかり、一つの鍋の中に17匹の鮎が入っている。職人はいっせいに鮎を炊きはじめた。

「圧力鍋でやれば、すぐにできるじゃありませんか」

「これがいちばんいいいんだ。中の鮎は18匹でも16匹でもいけない」

ものを作るというのはそういうことなのか。森田は鳥肌が立った。

「その後、川の水が汚くなり、昔のような鮎の甘露煮はもう作れないといって、その人

商品のラベル書きは、妻、経子の担当だ

は甘露煮作りをやめてしまいました。どんなものにも命はあります。それを無理に残したところで似ても似つかないものが残る。それこそ悲惨です」

4

昨今、食育という言葉を目にする機会がふえてきた。4年前はじめて森田に会った時、食育という言葉こそつかわなかったが、「教育の原点は食にある」という話を聞かされたものだ。

「何を食べていいのか、いけないのかをきちんと理解することが教育の基本です。自分の体や精神をきちんと保つことを教えるのが、教育の最終的な目標だと思います。それを作っていくのが食です。食をおろそかにして1円安いからという理由で走り回ってはいけません。私も本当にいいものを安く提供できればいいのですが、それでは社会奉仕になってしまいます。

確かにうちの焼肉のたれは優秀だが、高い。でも一回に使う量はたかがしれています。小さなお子様には他のものを削ってでもできるだけいいものを食べさせてください」

今でこそ森田は食の安全を考えた商品選びをしているが、開業当初は闇雲に集めていた。今のように添加物に注意をはらう時代ではなかったし、自分で食べてうまいと思ったものだけをかき集めて販売していた。商品選びの基準は皆無だった。

それから数年後、商売としてやる以上しっかりとしたものを提供しなければならないという思いが強くなり、どんな素材をつかっているのか、どんな添加物が入っているのかを見極めるようになっていく。以前はソルビン酸Kやソルビトールの意味も知らなかったが、食品添加物をもちいている商品を店から排除した。

「中にはどうしても扱いたいものもありました。

メーカーに食品添加物なしで作れないでしょうかと相談しましたが、断わられることが多く、やむを得ず取引を断念したこともあります。おかげで品ぞろえが一時期極端に減りました」

平翠軒の当主も、時にコンビニ弁当を愛用している。唯一の趣味である海釣りに出かける朝、コンビニでおにぎりを買い込んでから磯に向かう。その昔、三食続けて食べたところ、下痢にみまわれたことがあった。原因は保存剤ではなかったかと今でも疑っている。ゆえに昨今保存料や合成着色料をつかわないコンビニ弁当が増えてきたことを森田は心から歓迎している。

かといって、すべての食品添加物がよくないと思っているわけではない。ハムやソーセージなどの食肉加工品には亜硝酸塩という発色剤がつかわれている。以前あるメーカーに亜硝酸塩をつかわないソーセージを開発してもらったのだが、数週間後に完成した試作品は肉が灰色で弾力もとぼしく、とてもおいしそうに見えなかった。再度どのぐらいの量の亜硝酸塩を入れれば色と弾力が出るのか試してもらったところ、市販品の10分の2の量を入れれば、充分な色と味が出ることがわかった。以来目から受ける情報もおいしさの一つだと考えるようになった。

森田酒造の製品の中には醸造用アルコールを添加している酒もある。

「醸造用アルコールというのは甲類の焼酎のことです。これを加えると揮発性が高まり、酒のもつにおいや香りが立ちのぼり、酒を表現しやすくなる。ただし一定量を超えると体に悪いわけではありませんが、増量剤と思われてしまうこともあります」

近年、酒にアミノ酸を添加しているメーカーもあるが、酒蔵の当主として自分はアミノ酸を入れた酒は死んでも造らないと言い切る。アミノ酸を添加した酒は、酒ではない。米の力を表現するのが酒なのであって、アミノ酸を入れるのは邪道だと森田は説く。

一方、カレーなどの食品にアミノ酸を入れるのはいっこうにかまわない。添加することでおいしさを表現できるならつかえばいい、というのが森田の言い分である。

油はどうかというと、平翠軒では体にいいといわれる圧搾法で製油した胡麻油と、イタリア産のエキストラヴァージンオリーブオイルのみを扱っている。ドレッシングは、エキストラヴァージンオリーブオイルと無農薬野菜で作った製品を倉敷鉱泉と共同開発した。高価なイタリア製のエキストラヴァージンオリーブオイルをつかったせいで、とても原価が高いドレッシングになってしまったと森田はぼやいている。

「高くても作ろうということで石原と相談して開発したのですが、あまりにも高い価格に設定するわけもいかずプライベートブランドでありながら、最も利益率が低い商品になってしまいましたが、若い女性にとても人気があります」

食の安全を目指すと、基本的にコストが高くなるということを、消費者はもっと知らなければならないと森田は力説する。安全で安くてうまいものなど金輪際ない。高い商品には、高いなりの理由があるというのである。

食育に関する森田の持論をもう一つ紹介する。

「私は酒を造っているわけですが、毎日何万粒という米をつかっています。ところが、本来その米を土に埋めて水をやれば、やがて何万粒もの米がとれます。その可能性を私は絶っているわけです。人間は他の生き物の命をもらってながらえているのだから、決して食べ物を粗末にできません。粗末にする人を見ると腹がたちます。

いいものを作っている人は絶対にものを粗末にしません。自分が扱っているものは命なんだということを感覚としてもっている。もの作りをしている人の中には、命を大切にしている人がたくさんいます。そういう作り手が好きです。彼らが作るものが、本当の食べ物だと思います」

5

「平翠軒を切りとって東京にもっていったらどうだろうか。はたして整理券を配ばらなければならないほど人が来るのだろうか」

森田は近頃仕事の合間にこんな空想に耽っている。

はたして整理券をだす必要があるかどうかわからないが、一ついえることは東京はもちろん日本中どこを探しても平翠軒のような店はないということだ。

食の職人の作品を集めたカタログ

取り寄せブームのせいで、高級食材を扱う店が全国的に増えてきた。しかしながら、平翠軒のように選りすぐりの商品を全国から集めている店はどこにもない。店の規模が大きくなればなるほど食の職人が丹精込めて作る少量生産品だけでは売り上げが立たず、添加物をつかった大量生産品もおくようになる。この手の玉石混淆の店が実に多い。

平翠軒のいちばんの強みは規模が小さいがゆえに、当主自身が食の安全性を配慮しながら商品を目利きし、しかもすべてのリスクを当主がひとりで背負っているところにある。良くも悪くもこれが他の店との最大の違いである。

「デパートや高級スーパーで

は1000人の見込み客がいるとすれば、そのうちの8割をとりこもうとしているのではないでしょうか。ところがうちの場合、5人の顧客が贔屓にしてくれれば御の字です」

大手は、マスを相手にしなければビジネスとして成立しない。そのため大衆に媚びる方向にすすんでいく。一方、平翠軒は特定のある層に受け入れられればいいというアプローチを創業以来展開してきた。売れる売れないは関係なく、作り手が好きだからその人が作った商品をおく。万人向けでない、まるで当主が自分のために蒐集したコレクションのような食べ物が多いのはそのためだ。決してコレクションのつもりで集めてきたわけではないと森田は弁明するのだが、「なんでこんなものが」といぶかしがるようなものがいくつもある。

実は「暮らしの中の食べ物」を扱うというのが、平翠軒の存在理由である。商品の8割がハンバーグやドレッシングなどの生活に密着した日用品でしめられ、残りの2割がいわゆる「森田コレクション」だ。売り上げの大半が日用品だが、当主のコレクションが顧客に強烈な印象をあたえていることはたしかだ。よそでは決してお目にかかれないようなものが並んでいることで平翠軒らしさをアピールしている。

創業15周年をむかえる今年、森田は商品構成を変えようと考えはじめている。日用品よりもコレクションを増やそうというのである。

平翠軒を一本の樹木にたとえると、日用品が幹や根にあたる。しかし、いつも幹を見ていても面白くない。美しい花が咲いてはじめて感動してもらえる。今後日用品ではない生活の中の花をもっと増やしていこうというのだ。

「どんな花が生活の中の花かというと、価格を問わず個人が作ったよりマニアックなものを考えています。たとえば『魚谷清兵衛の熟成うに』

（112ページ）や『一湖房の鴨ロース』（26ページ）のような商品よりも、作り手の考え方が色濃く反映されたアートや作品と呼べるようなものです。売れる売れないはどうでもいい。これからは平翠軒を生活の中の花でいっぱいにしていきます」

しかし、と森田は続ける。「食べ物を扱う仕事は、未来に通じる無数の扉をもつ小部屋で、毎日毎日同じ作業を続けているようなものです。目の前にある新しい扉を開き、その向こうになにがあるのかを知りたいという願望が、年とともにますます強くなってきました。あっちの扉を開けたかと思うと今度はこっちを開ける。つねにどこかを漂流していて、最終的にどこに向かおうとしているのか自分でもよくわかりません」

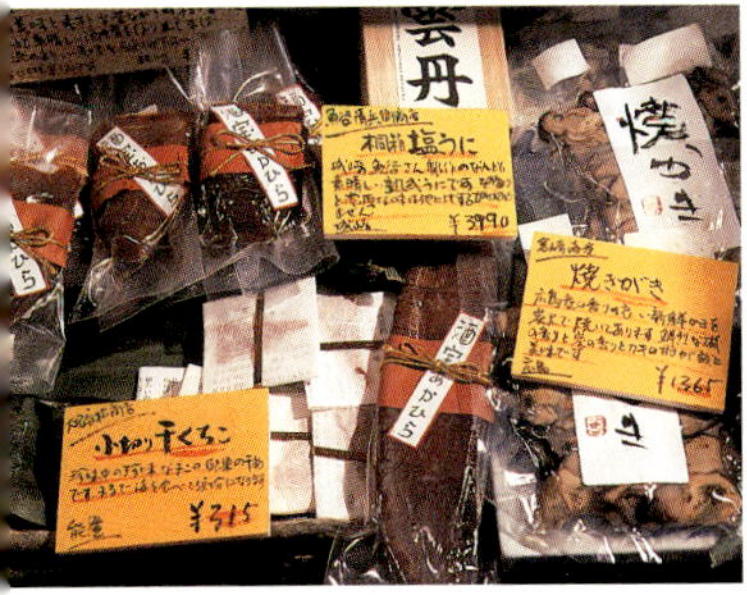

つい商品をのぞき込みたくなる

いつだったか森田の妻、経子が「自分にとって森田酒造が長男で、平翠軒が長女だと思っている」という話を聞かせてくれたことがあった。これからふたりの子供が、どんな大人に成長していくのか今後が愉しみだ。

たぶん森田自身は死ぬまで食べ物の本質を追求していくはずだし、“食のパトロン”として食の職人を支援していくことだろう。それが三代続く倉敷の旦那の遊びだと当人は心得ているはずだ。

著者：中島茂信　1960年（昭和35年）東京生まれ。

子供の頃から食べることが好きで、今、雑誌の取材でプロの料理人に会う機会が多いが、プロの道にすすまなくて本当によかったと胸をなでおろしている。家族相手に料理を作るのが一番愉しいし、失敗しても開き直ればすべて丸くおさまる。今度生まれてくる時はイタリア人にしようと思う。なぜなら大勢で食べるならイタリアンがいちばんうまいし、自然の恵みを享受できると信じているからだ。自宅でもイタリアの食材を使った料理を作って食べる機会が多い。2年前、雑誌の取材で全国の禅寺を7カ所回り、1泊2日で修行僧の見習いをしたことがある。精進料理というとお粥と胡麻豆腐を思い浮かべるが、中には凝りに凝った逸品もある。素材そのものは穀物や野菜が主体だが、手間のかけ方如何では料亭料理をしのぐものもあることを実感した。しかし、計2週間、朝晩精進料理を食べ続けたそのリバウンドで、下山後ケーキをむさぼり食った。精進料理はダイエットによいという話は、自分にとっては嘘だと思い知らされた。煩悩のかたまりのような人間だが、今後はもっと精進料理を追求したいという思いに耽っている。

平《へい》翠《すい》軒《けん》のうまいもの帳

for tasty life
枻文庫

2005年3月20日　初版発行

著　者　中島茂信
発行人　漆島嗣治
発行所　株式会社枻出版社
〒158-0096
東京都世田谷区玉川台2-13-2
玉川台東急ビル4F
編集部 03-3708-1954
販売部 03-3708-5181

印刷所　大日本印刷株式会社

http://www.ei-publishing.co.jp

ISBN4-7779-0301-X
Printed in Japan